ARCHITECT

沈玉麟

文集

沈玉麟 著

天津大学建筑学院城乡规划系 主编

华中科技大学出版社
http://www.hustp.com
中国·武汉

仰之弥高，钻之弥坚
——纪念沈玉麟先生百年诞辰

2021年是我国著名城市规划学家、城市规划教育家、新中国城市规划事业的开拓者和奠基者之一、天津大学城市规划专业创始人沈玉麟先生诞辰100周年。沈玉麟先生一生投身教育事业，立德树人，潜心钻研学术，为党和国家培养出一大批精英人才，为中国城市规划事业做出了卓越的贡献。在沈玉麟先生百年诞辰之际，我们追忆先生的师德品格，感悟先生的治学精神，将先生的城市规划智慧集结成书，以期继承先生的追求与抱负，努力奋进，不负使命，共同描绘先生为之不懈奋斗的中国城市规划的宏伟蓝图。

沈玉麟先生是我国首批归国的留学生之一。1949年获得美国伊利诺伊大学建筑学专业与城市规划专业双硕士学位。1950年1月经香港回国，受到周恩来总理三次接见。1954年，沈玉麟先生在天津大学创立"城市规划专门化"教育体系，该体系是中国最早的城市规划教育体系之一。沈玉麟先生曾先后讲授"外国建筑史""外国城市建设史""城市规划原理""区域规划""建筑群与外部空间"等十余门课程；发表《谈谈城市规划学科的培养目标》《发展中国家次级城市发展的新战略》《国外城市规划的几点主要经验》等20余篇重要学术论文，推动了新中国城市规划学术与实践的进步；校译《建筑形式美的原则》《建筑量度论——建筑中的空间、形状和尺度》《西方现代艺术史》等重要译著。

沈玉麟先生是中国城市规划学会及学会居住区规划学术委员会的创始人之一，曾任学会第二届、第三届委员会委员，历史文化名城规划学术委员会委员，1993年成为中国城市规划学会资深会员。曾为天津、呼和浩特、泰安、烟台、唐山、沧州等30余个城市编制总体规划与详细规划；为泉州、张家界、喀什、凤凰古城、湘西永顺等历史古城编制保护规划，为彼时处于探索阶段的中国城市文化遗产保护工作做出了突出贡献。学术成果"居住区详细规划的研究"获国家科技进步三等奖；"泉州市历史文化名城保护规划"获省级科技进步二等奖和全国优秀城市规划奖；参研的"汉字信息处理系统工程"情报检索（汉语主题词表）获国家科技进步二等奖；《外国城市建设史》获国家教委全国优秀奖、建设部优秀教材一等奖；2008年沈玉麟先生获得第三届中国建筑学会建筑教育特别奖。

在逾半个世纪的学术生涯中，沈玉麟先生以"形上形下，达才成德"的视野与胸怀，孜孜不倦地培育出一大批行业精英人才；铸就了学术经典的《外国城市建设史》，成为中国城市规划理论演进发展的重要启蒙和基石；沈玉麟先生曾多次代表中国参加国际学术交流，致力于将西方现代城市规划理论引入中国，促进中西方城市规划的思想碰撞；以全球视野与科学精神思考中国城市规划问题，表现出极强的前瞻性与先进性，推动了中国城市规划的发展与进步。

纵览先生一生，始终秉承"兴学强国"的使命、"实事求是"的精神、"严谨治学"的学风、"矢志创新"的追求，无愧为天大学人的师德榜样和学术高峰。先生跨越时空的理论视野、西学中用的学术思想、多元并蓄的科学精神是城市规划学科的发展根本；忠诚不倦的学者之心、执着严谨的治学态度、甘为人梯的师德品格是城市规划教育的重要财富。

"积基树本，日新又新"，先生的学术精神已成为天津大学城乡规划教育坚守的核心价值，一代又一代的天大学人将沿着沈玉麟先生指引的方向不断前进。

"仰之弥高，钻之弥坚"。仰望先生，不敢懈怠。向沈玉麟先生致敬！

曾鹏 于天津大学建筑馆

2021年12月25日

1943年沈玉麟之江大学建筑系本科毕业合影

1949年6月沈玉麟伊利诺伊大学研究生毕业照

沈玉麟研究生期间与友人合影

沈玉麟美国研究生毕业时在雕塑前与友人合影

20世纪50年代的沈玉麟

研究生毕业后在事务所工作的沈玉麟

沈玉麟1950年1月在回国轮船上的合影

20世纪50年代沈玉麟归国后与同事的合影

20世纪50年代天津大学土木建筑系主要教师在天安门金水桥上留影，从左到右：程作渭、周祖奭、徐中、卢绳、沈玉麟和彭一刚（1956年左右摄）。它象征着党和国家在建国初期凝聚了一批来自五湖四海的知识分子，他们致力于创办大学，投身于中国的高等教育事业

约1960年天津大学规划教研室部分老师合影

20世纪70年代初沈玉麟在承德考察

20世纪80年代初沈玉麟与天津大学
建筑系教师合影

1981年马炳千、沈玉麟、李雄飞、关镇南于西安

20世纪80年代初沈
玉麟在扬州鉴真纪
念堂

1984届硕士研究生毕业答辩合影
毕业生：崔愷、戴月、张华、华镭、吴唯佳、杨昌鸣、覃力
合影教师：
第一排：荆其敏、胡德君、刘金德、周祖奭、沈玉麟、彭一刚、王全德、李日春
第二排：方咸孚、王乃香、何广麟、张敕、潘家平、羌苑
第三排：王其亨、覃力、肖敦余、魏挹澧、范挺、吴唯佳

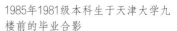
1985年1981级本科生于天津大学九楼前的毕业合影

20世纪80年代王其亨研究生答辩
第一排：王其亨、冯建逵、单士元、沈玉麟、周祖奭、杨学智
第二排：胡德君、刘金德、王全德、周向荣
第三排：杨道明、李日春、李雄飞

沈玉麟出席在中国美术馆举办的第一届全国建筑画展（1985
年），左起：王炳坤、魏挹澧、沈玉麟、张敕、章又新、张文
忠和王全德

沈玉麟在研究生答辩现场（1986年），左二为沈玉麟

沈玉麟在王兴田的硕士研究生答辩现场（1986年），左
起：黄为隽、张敕、孙骅声、沈玉麟、亢亮、王兴田

沈玉麟主持研究生答辩的情景，1986年，左一为沈玉麟

1985年项秉仁博士论文答辩后合影，
第一排左二为沈玉麟

20世纪80年代沈玉麟冬日考察张家口宣化古城及周边地区1

20世纪80年代沈玉麟
冬日考察张家口宣化
古城及周边地区2

20世纪80年代沈玉麟
在张家口水母宫

20世纪80年代沈玉麟冬日考察张家口宣化
古城及周边地区合影。

20世纪80年代沈玉麟
与王其亨在张家口宣
化县镇朔楼

1986年沈玉麟访美考察华盛顿国家公园大道

沈玉麟访美期间在纽约的合影

沈玉麟访美期间在美国华盛顿总统公园

沈玉麟访美期间考察流水别墅

沈玉麟访美期间在华盛顿国家美术馆东馆

沈玉麟访美期间在华盛顿与友人合影

沈玉麟访美期间在华盛顿　　　　　　　　沈玉麟访美期间在华盛顿林肯纪念堂

沈玉麟访美期间在旧金山1　　　　　　　　沈玉麟访美期间在旧金山2

沈玉麟访美期间在底特律

1990年安庆历史文化名城保护规划评议会合影

1992年徐苏斌答辩，左一为沈玉麟

1993年西安市1990—2020年城市总体规划修编大纲专家论证会
合影，第一排右一为沈玉麟

20世纪90年代沈玉麟在研讨会
上的合影

1994京津冀城市协调发展研讨会（天津）
第四次会议合影

天津大学建筑学院1994级研究生毕业照

1998年沈玉麟参加天津大学建筑学院主办的"建筑与文化学术研讨会"

1999年沈玉麟78岁生日

2001年12月建设部副部长陈为邦客座教授聘任仪式合影

建设部副部长陈为邦客座教授聘任会上，左起：运迎霞、陈天、沈玉麟、彭一刚、黄为隽等

陈为邦与沈玉麟及张颀在招待宴会上

2000年沈玉麟在天津大学建筑学院建院三周年活动上的合影

2001年4月在中国城市规划学会历史文化名城学术委员会年会上的合影

2002年沈玉麟参加纪念徐中先生诞辰九十周年暨建筑教育研讨会

2002年9月师生相识五十年大聚会。天津大学建筑系1957届校友合影

2003年1953届校友五十周年返校，于建筑学院前合影。第一排左三为沈天行，右一为冯佑葆；第二排左起：王瑞华、周祖奭、张建关、冯建逵、沈玉麟等；第三排左起：左三为屈浩然，左五为彭一刚，左六为高树林，左七为许松照，右一为张迺龄

目　录

第一篇　沈玉麟相关资料

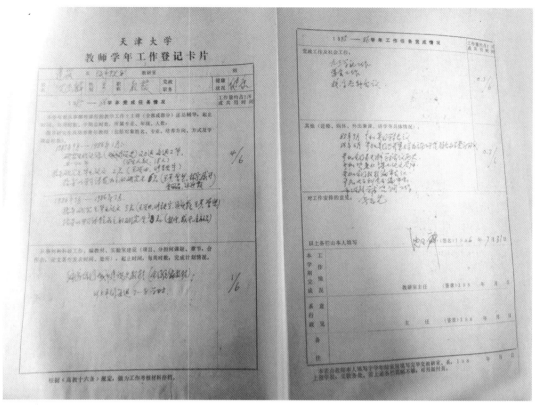

图1-1　沈玉麟学年工作登记卡片

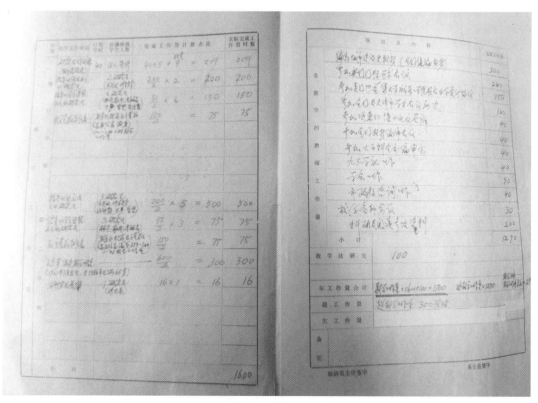

图1-2　沈玉麟教学工作量与非教学的教师工作量记录

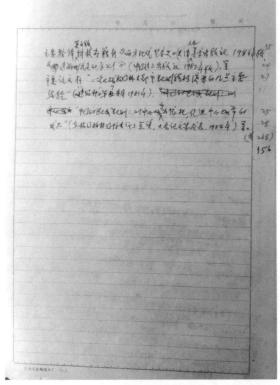

图1-3　沈玉麟主要校译的英文版科技书籍

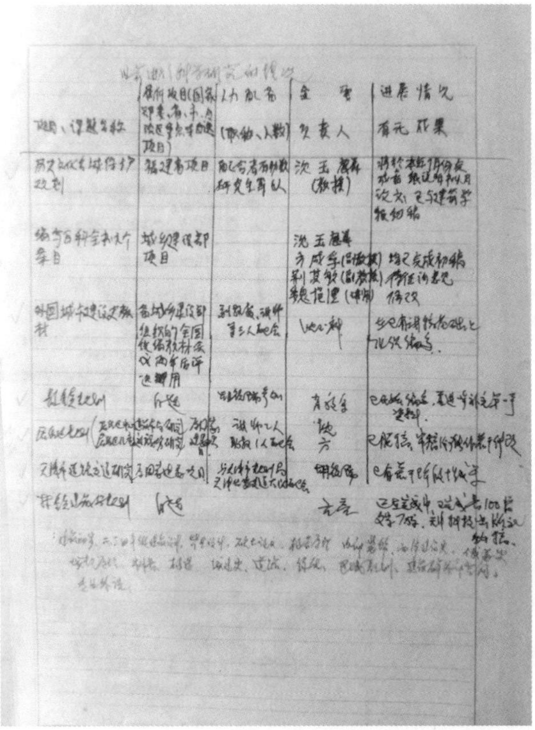

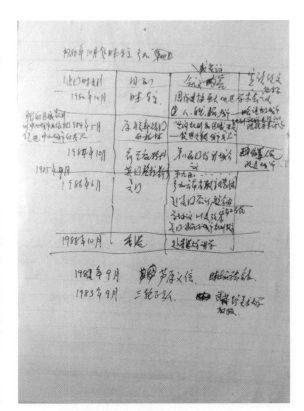

图1-5　沈玉麟赴境外参会情况

图1-4　沈玉麟日前进行科学研究的情况

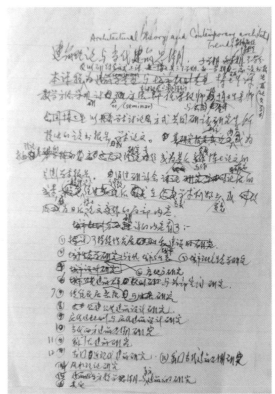

图1-6　沈玉麟草拟的建筑理论与当代建筑思潮博士生课程设置

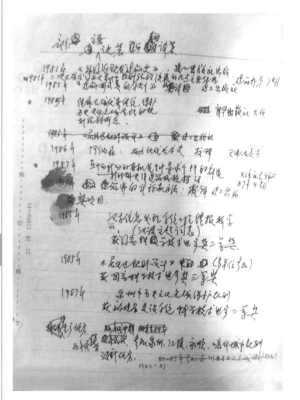

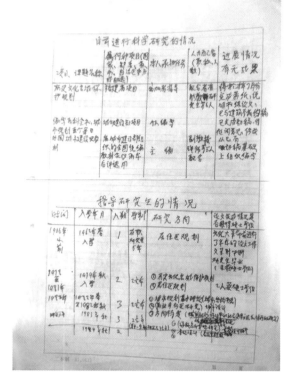

图1-7　沈玉麟部分主要论著

图1-8　沈玉麟日前进行科学研究的情况与指导研究
生的情况

获得奖项*

日期	内容摘要	获奖名称	奖项级别
1985年	"汉字信息处理系统工程"（七四八工程）情报检索（汉语主题词表）	1985年国家科学技术进步奖二等奖	国家级奖
1985年	居住区规划设计	国家科技进步三等奖	国家级奖
1987年	泉州市历史文化名城保护规划	福建省建设系统"六五"期间科技进步二等奖	省级奖
1989年	泉州市历史文化名城保护规划	全国优秀城市规划表扬奖	部级奖
1992年	《外国城市建设史》	1.建设部优秀教材一等奖 2.国家优秀教材奖	1.部级奖 2.国家级奖

* 针对图1-7中下半部分手稿的文字识别。

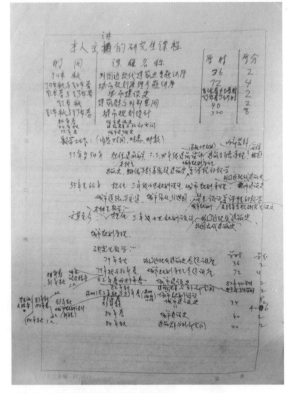

图1-9　沈玉麟主讲的研究生课程

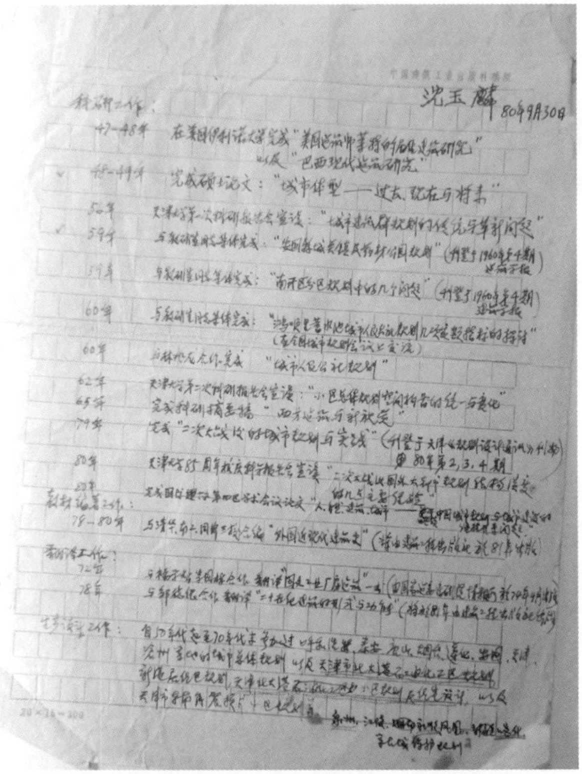

图1-10　截至1980年9月30日沈玉麟的科研工作情况

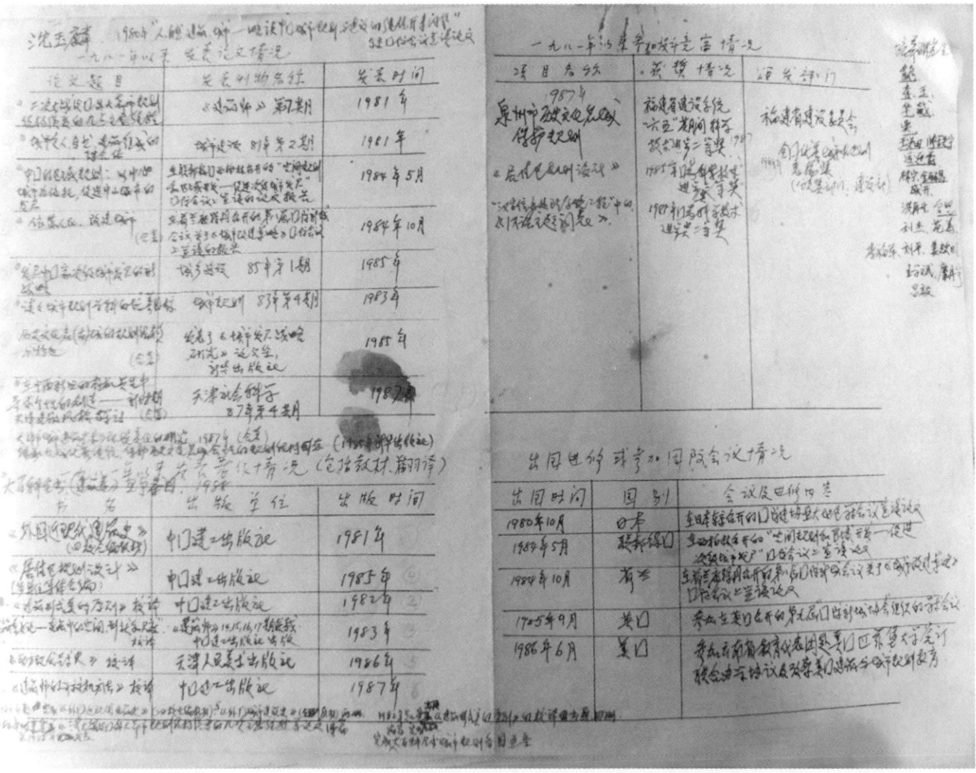

图1-11　沈玉麟1981年以来发表论文情况

天津大学
TIANJIN UNIVERSITY

总支、系主任支持下，在全国首创的一个新专业，
规划专业和城市规划系。这个专业是天津大学在全国
首创的一个新专业，与当时较早成立的上海同济大学
城市建设与经营专业不同。为了这个新专业而新
开的课程是他一个人承担的课程有城市规划
原理、城市规划设计、理论交通设计、区域规划
设计、绿化造园全部规划课，其后1957年和1958
年方咸孚和荆其敏两老师先后毕业任教，从此以
后天津大学建筑系的城市规划队伍逐渐壮大。
从50年代至2002年在这近半个世纪里他曾经较
多地去全国各地参加学术会议与全国城市规划
专业的学校交流经验以及被邀请一些城市
讨论当地的城市规划方案或详细规划的方案
被聘请到全国不少城市为当地做城市规划
方案或讨论修改规划的城市有：
1.天津市总体规划修改稿
北大港小区规划，住宅建筑且设计
2.河北 沧州 邯郸 安国 赵县
3.山东 烟台，威海 济南
4.河南 洛阳 开封
5.山西 大同 云冈
地址：天津市南开区卫津路92号 邮政编码：300072
2

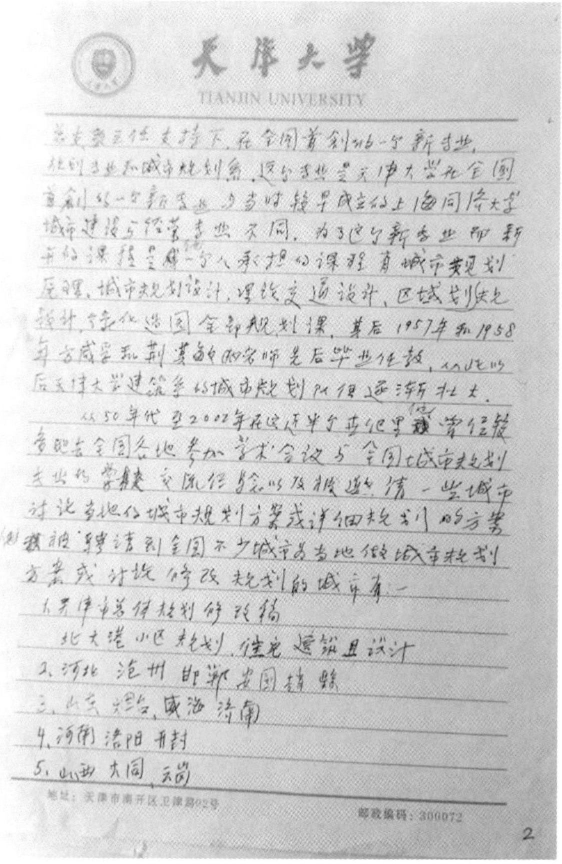

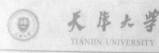

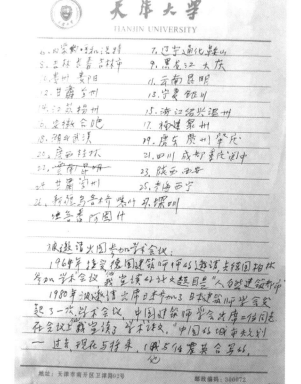

图1-12　沈玉麟夫人的手稿，很可能写于沈玉麟病重期间（第一页缺失）1

天津大学
TIANJIN UNIVERSITY

6.内蒙古 呼和浩特　7.辽宁 通化 鞍山
8.吉林 长春 吉林市　9.黑龙江 大庆
10.贵州 贵阳　11.云南 昆明
12.甘肃 兰州　13.宁夏 银川
14.江苏 扬州　15.浙江 绍兴 温州
16.安徽 合肥　17.福建 泉州
18.湖北 武汉　19.广东 广州 肇庆
20.广西 桂林　21.四川 成都 重庆 阆中
~~22.云南 昆明~~　23.陕西 西安
24.甘肃 兰州　25.青海 西宁
26.新疆 乌鲁木齐 喀什 [illegible]
[illegible] 阿图什

被邀请出国参加学术会议：
1964年接受德国建筑师协会的邀请，去德国柏林
参加学术会议，他宣读的论文题目是"人类建筑城市"
1980年被邀请出席日本参加日本建筑师学会[illegible]
[illegible]学术会议，中国建筑师学会[illegible]
在会议上他宣读了学术论文，"中国的城市规划
—过去、现在与将来"（他与[illegible]合写的）
地址：天津市南开区卫津路92号 邮政编码：300072
3.

图1-13　沈玉麟夫人的手稿，很可能写于沈玉麟病重期间（第一页缺失）2

第一页缺失……*

总支、系主任支持下，在全国首创的第一个新专业，规划专业和城市规划系。这个专业是天津大学在全国首创的一个新专业，与当时较早成立的上海同济大学城市建设与经营专业不同，为了这个新专业而新开的课程是他一个人承担的。课程有城市规划原理、城市规划设计、理论交通设计、区域规划设计、绿化造园（等）全部规划课，其后1957年和1958年方咸孚和荆其敏两老师先后毕业任教，从此以后天津大学建筑系的城市规划队伍逐渐壮大。

从20世纪50年代至2002年，在这近半个世纪里，他曾经较多地去全国各地参加学术会议，与全国城市规划专业的学校交流经验，以及被邀请（到）一些城市，讨论当地的城市规划方案或详细规划的方案。他被聘请到全国不少城市，为当地做城市规划方案或讨论修改规划的城市有：

◎ 天津市总体规划修改稿

北大港小区规划、住宅建筑且设计

◎ 河北沧州、邯郸、安国、赵县

◎ 山东烟海、威海、济南

* 针对图1-12、图1-13中手稿的文字识别。

◎ 河南洛阳、开封

◎ 山西大同、云岗

◎ 内蒙古呼和浩特

◎ 辽宁通化、鞍山

◎ 吉林长春、吉林市

◎ 黑龙江大庆

◎ 贵州贵阳

◎ 云南昆明

◎ 甘肃兰州

◎ 宁夏银川

◎ 江苏扬州

◎ 浙江绍兴、温州

◎ 安徽合肥

◎ 福建泉州

◎ 湖北武汉

◎ 广东广州、肇庆

◎ 广西桂林

◎ 四川成都、阆中

◎ 重庆

◎ 陕西西安

◎ 甘肃兰州（重复）

◎ 青海西宁

◎ 新疆乌鲁木齐、喀什、吐鲁番、阿图什

◎ 深圳

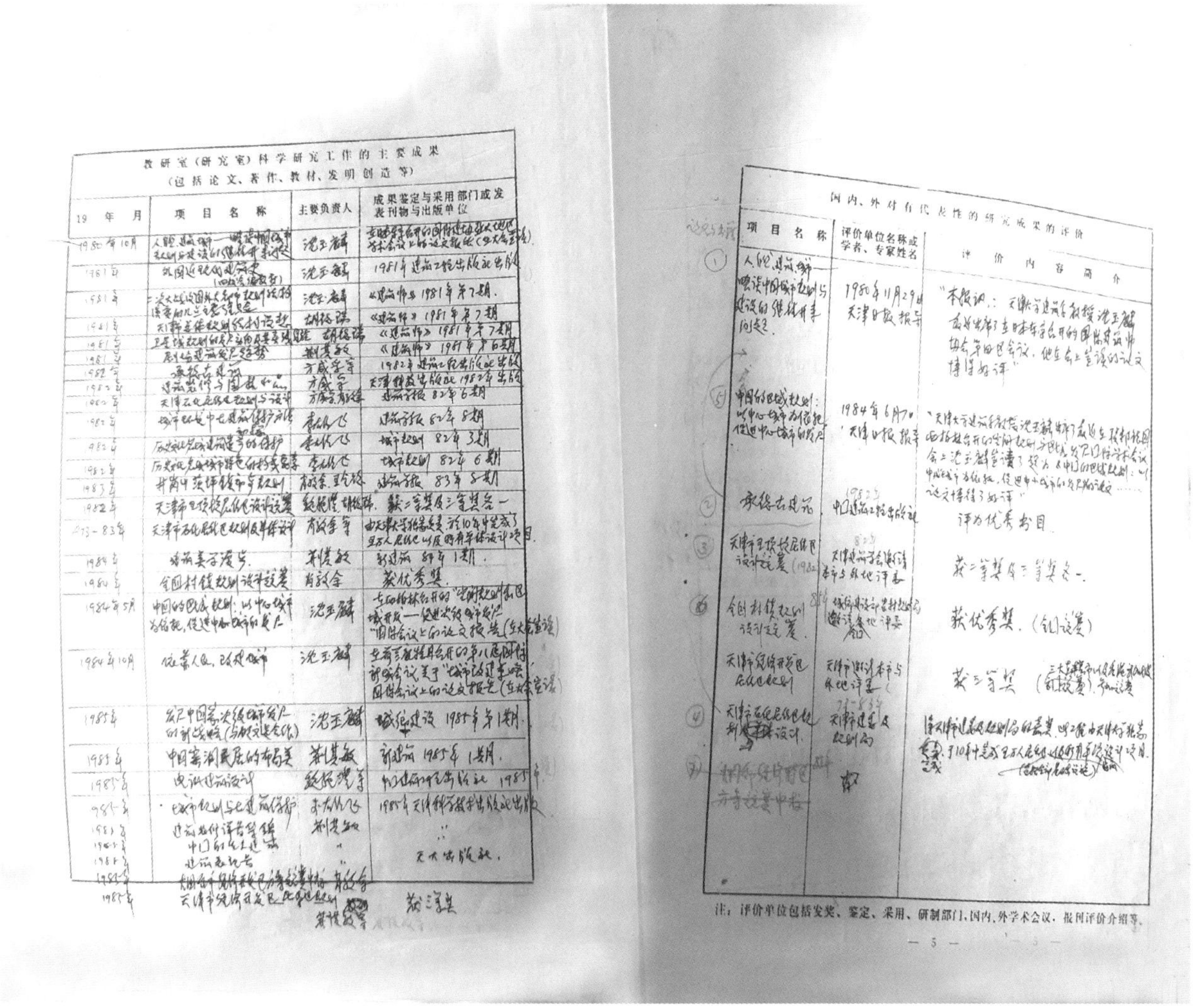

图1-14　教研室（研究室）科学研究工作的主要成果（包括论文、著作、教材、发明创造等）

教研室（研究室）科学研究工作的主要成果
（包括论文、著作、教材、发明创造等）*

日期	项目名称	主要负责人	成果鉴定与采用部门或发表刊物与出版单位
1980年10月	人、自然、建筑、城市——略谈中国城市规划与建设的继往开来问题	沈玉麟	在东京召开的国际建协亚太地区学术会议上的论文报告（在大会上宣读）
1981年	外国近现代建筑史（四校合编教材）	沈玉麟	1981年中国建筑工业出版社出版
1981年	第二次世界大战后国外大都市规划结构演变的几点主要经验	沈玉麟	《建筑师》1981年第7期
1981年	天津市总体规划结构设想	胡德瑞	《建筑师》1981年第7期
1981年	卫星城规划的发展动向及其实践经验	胡德瑞	《建筑师》1981年第7期

* 针对图1-14中部分手稿的文字识别。

日期	项目名称	主要负责人	成果鉴定与采用部门或发表刊物与出版单位
1981年	剧场建筑发展趋势	荆其敏	《建筑师》1981年第6期
1982年	承德古建筑	方咸孚等	1982年中国建筑工业出版社出版
1982年	建筑装修与园林小品	方咸孚	1982年天津科学技术出版社出版
1982年	天津石化居住区规划与设计	方咸孚 肖敦余	《建筑学报》1982年6期
1982年	城市环境中古建筑保护方法初探	李雄飞	《建筑学报》1982年9期
1982年	历史文化名城建筑遗产的保护	李雄飞	《建筑学报》1982年3期
1982年	历史文化名城城市特色的构成要素	李雄飞	《建筑学报》1982年6期
1982年	井冈山茨坪镇初步规划	肖敦余 王全德	《建筑学报》1983年8期
1983年	天津市王顶堤居住区设计竞赛	魏挹澧 胡德瑞	二等奖及三等奖各一
1973—1983年	天津市石化居住区规划及单体设计	肖敦余等	由天津大学独家负责，于10年间中国完成了五万人居住区及所有单体设计项目
1984年	建筑美学漫步	荆其敏	《新建筑》1984年第1期
1984年	全国村镇规划设计竞赛	肖敦余	获优秀奖
1984年5月	中国的区域规划——以中心城市为依托，促进中小城市的发展	沈玉麟	在西柏林召开的"空间规划和区域开发——促进次级城市发展"国际会议上的论文报告（在大会宣读）
1984年10月	依靠人民，改造城市	沈玉麟	在荷兰鹿特丹召开的第八届国际新城会议，关于"城市改建策略"国际会议上的论文报告（在大会宣读）
1985年	发展中国家次级城市发展的新战略（与顾文选合作）	沈玉麟	《城乡建设》1985年第1期
1985年	中国窑洞民居的布局美	荆其敏	《新建筑》1985年第1期
1985年	电信建筑设计	魏挹澧等	1985年中国建筑工业出版社出版
1985年	城市规划与古建筑保护	李雄飞	1985年天津科学技术出版社出版
1985年	建筑装修详图集锦	荆其敏	1985年天津科学技术出版社出版
1985年	中国的生土建筑	荆其敏	1985年天津科学技术出版社出版
1985年	建筑表现图	荆其敏	天津大学出版社出版
1985年	烟台市经济开发区	肖敦余	天津大学出版社出版
1985年	天津市经济开发区居住区规划	荆其敏等	获三等奖

国内外对有代表性的研究成果的评价[*]

项目名称	评价单位名称或学者专家姓名	评价内容简介
人、自然、建筑、城市——略谈中国城市规划与建设的继往开来问题	1980年11月29日《天津日报》报道	"本报讯：天津大学建筑系教授沈玉麟最近出席了在日本东京召开的国际建筑师协会第四次会议，他在会上宣读的论文博得好评"
中国的区域规划——以中心城市为依托，促进中小城市的发展	1984年6月7日《天津日报》报道	"天津大学建筑系教授沈玉麟出席了最近在联邦德国西柏林召开的空间规划与区域发展国际学术会议，会上沈玉麟宣读了名为《中国的区域规划——以中心城市为依托，促进中小城市的发展》的论文，论文博得了好评"
承德古建筑	1982年中国建筑工业出版社	被评为优秀书目
天津市王顶堤居住区设计竞赛（1982年）	天津建筑学会邀请本市与外地评委	获二等奖与三等奖各一
全国村镇规划设计竞赛	城乡建设部农村规划局邀请全国各地评委	获优秀奖（全国竞赛）
天津市经济开发区居住区规划	天津市邀请本市与外地评委	获三等奖
天津市石化居住区规划设计	1973—1983年天津市建委及规划局	得天津市建委及规划局的嘉奖，工程由天津大学独家完成，于10年中完成五万人居住区（包括全部基础设施），以及所有单项建筑设计项目

* 针对图1-14中部分手稿的文字识别。

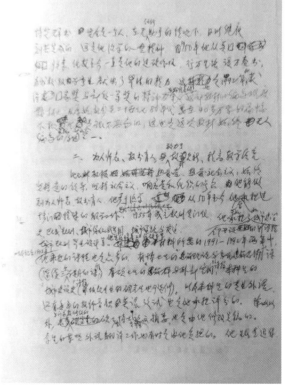

图1-15 沈玉麟评选先进教师材料手稿1　　　图1-16 沈玉麟评选先进教师材料手稿2

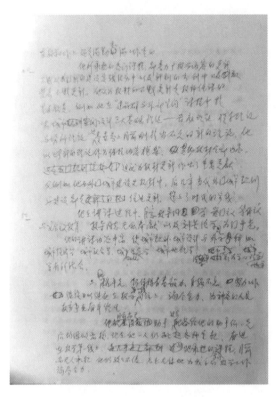

图1-17 沈玉麟评选先进教师材料手稿3

评选先进教师材料（建筑学院沈玉麟）[*]

沈玉麟现年72岁，自1988年12月起退休以后，一直（坚持）担任与退休前同样的教学（满）工作量，他编写的《外国城市建设史》全国教学用书于1992年（获得）国家级（内容）优秀教材奖，（还获得过）建设部一等奖。数十年来，他全身心地致力于本科生与研究生的教学工作，为教书育人提高教学质量，以及更新教材献出了巨大的精力，他还是城市规划专门化（在此基础上，此后成立了规划专业）的创始人。下面分别从教材获奖，为人师表、教书育人与教材更新、教学质量的提高等问题叙述如下。

一、教材获奖

他独自编写的《外国城市建设史》于1992年获得全国教学用书国家级优秀奖与部级一等奖。该书的特色有以下各点。（1）填补了城市规划教材中的一项空白。我国1949年前后未出版过《外国城市建设史》教学用书，亦未出版过同类学术专著，此书系我国（规划专业）第一部教材。（2）教材内容精湛新颖，拟收（录出版能获得的）所有中外书刊之精华，取新取精。在古代近代部分去伪存真，在现代当代部分跟上高新技术时代，举凡当代科技发展之影响城市规划理论与实践的，均有论述，并对各发达国家城市规划的发展与未来展望，均有详尽史料论述。（3）全书以辩证唯物主义与历史唯物主义观点统揽全局，摆脱了资本主义国家书刊中的一些唯心史观论点。（4）教材框架、章节内容

第一篇 沈玉麟相关资料

* 针对图1-15~图1-17中部分文字的识别。

不落旧套，以古为今用、洋为中用为出发点，使其对我国当前建设有所借鉴和启迪。

沈玉麟编写此书用了五年时间，这五年时期里他仍在担任满工作量的教学课程，在课余与假日时间，博览群书，完全是一个人，在无任何助手的境况下，夜以继日，刻苦完成的，这是他治学的一贯精神，自1950年他从美国归来，任教至今，一直是他的过硬作风，行万里路，读万卷书，为我校教学事业献出了巨大的精力。这也是1992年他获得国家奖与部级一等奖的精神力量与物质基础。这部教材的编写难度极大，从原始社会至20世纪80年代，要在40多万字的篇幅下概述囊括全部内容，是很不容易的，这也是这种教材始终无人编写的原因之一。

二、为人师表、教书育人，致力于教材更新，提高教学质量

沈玉麟热爱党、热爱社会主义，始终坚持党的领导，坚持社会主义，响应党和组织的号召。他能做到为人师表、教书育人，他严于治学，从1950年至今，他曾承担过十多门课程的教学工作。1955年成立规划专门化，他先后承担了全（部）开设的新课程：如城市建设史、区域规划、城市绿化与造园、城市道路与交通、城市规划毕业设计等。他先后培养了22位硕士生。本材料所要求的1991—1992年两年中（以及现在1993年），他承担的课程也是众多的，有博士生的"建筑理论与当代建筑思潮"课程（连续三个学期的课程），有硕士生的"建筑群与外部空间"课程，本科生的"城市建设史"课程（非城规专业的研究生也可选修），以及本科生的专业外语，还有每年的教师英语考试也是他承担评分的。除此以外，上门求教修改的硕士生和博士生毕业论文摘要，也是由他修改定稿的。系里的某些外语翻译工作有时也是由他负担的。他虽然退休了，但在教学工作上还是满勤和满工作量的。

他所承担的各门课程，都着力于教学内容的更新，不断从我国新的建设实践经历中及新到的书刊中吸取营养，不断更新。他认为教材的不断更新是教师任课的基本职责。例如他在"建筑群与外部空间"课程中指出城市空间设计三大基础理论——图底理论、联系理论与场所理论。这是刚推出不久的新的理论，他以新的理论作为课程内容框架，贯彻教材全部内容，这就为教材更新做出了重要贡献。又例如他在《外国城市建设史》教材中，后几章的当代外国城市规划与建设都是经过更新的，赶上了时代的步伐。

他在讲课过程中，注意同学的爱国主义、集体主义与社会主义教育，教导同志无私奉献以及刻苦治学，为国争光。

他的讲课内容丰富，使城市规划、城市设计与外围学科，如城市经济学、城市社会学、城市环境生态学、城市地理学、行为学、心理学等有所结合。

三、他虽年老，但仍保持青春毅力，自强不息，努力工作，继续夜以继日在教学第一线岗位上奋战，竭尽全力，为神圣的人民教育事业奋斗终生

他目前尚无助手，过去配备给他的助手，先后均因故离校，现今他一人仍挑起各种重担，奋进在教学第一线上。他承担的多门课程，目前尚无人承担，他仍孜孜不倦，无止无休地为我系的教学工作竭尽全力。

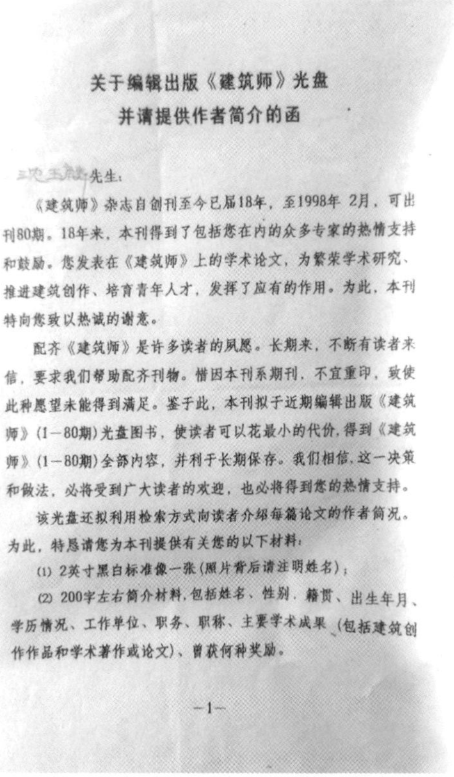

关于编辑出版《建筑师》光盘

并请提供作者简介的函

沈玉麟先生：

《建筑师》杂志自创刊至今已届18年，至1998年2月，可出刊80期。18年来，本刊得到了包括您在内的众多专家的热情支持和鼓励。您发表在《建筑师》上的学术论文，为繁荣学术研究、推进建筑创作、培育青年人才，发挥了应有的作用。为此，本刊特向您致以热诚的谢意。

配齐《建筑师》是许多读者的夙愿。长期来，不断有读者来信，要求我们帮助配齐刊物。惜因本刊系期刊，不宜重印，致使此种愿望未能得到满足。鉴于此，本刊拟于近期编辑出版《建筑师》(1－80期)光盘图书，使读者可以花最小的代价，得到《建筑师》(1－80期)全部内容，并利于长期保存。我们相信，这一决策和做法，必将受到广大读者的欢迎，也必将得到您的热情支持。

该光盘还拟利用检索方式向读者介绍每篇论文的作者简况。为此，特恳请您为本刊提供有关您的以下材料：

(1) 2英寸黑白标准像一张(照片背后请注明姓名)；

(2) 200字左右简介材料，包括姓名、性别、籍贯、出生年月、学历情况、工作单位、职务、职称、主要学术成果（包括建筑创作作品和学术著作或论文)、曾获何种奖励。

—1—

图1-18 《建筑师》邀请沈玉麟出具作者简介的函1

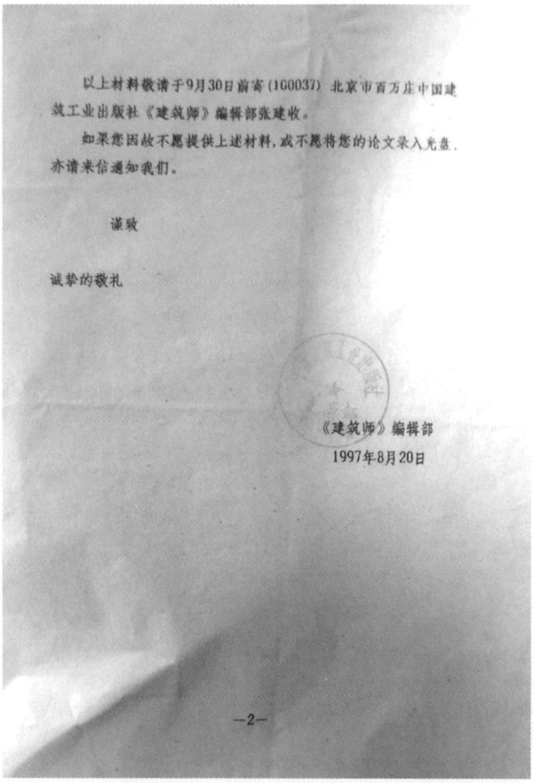

以上材料敬请于9月30日前寄(100037) 北京市百万庄中国建筑工业出版社《建筑师》编辑部张建收。

如果您因故不愿提供上述材料，或不愿将您的论文录入光盘，亦请来信通知我们。

谨致

诚挚的敬礼

《建筑师》编辑部

1997年8月20日

—2—

图1-19 《建筑师》邀请沈玉麟出具作者简介的函2

当代文化卷 ·中华人物辞海· ·143·

·沈玉麟· 1921年3月生。浙江杭州人。中共党员。1949年毕业于美国伊利诺大学，获双硕士学位。原天津大学建筑系城市规划教研室主任。教授。天津市人民政府咨询委员会委员。中国城市规划学会历史文化名城学术委员会委员与居住区规划学术委员会委员。天津市城市科学研究会常委、副秘书长。主要成果：完成的"汉字信息处理系统工程"情报检索获1985年国家科技进步二等奖，"居住区详细规划的研究"获1987年国家科技进步三等奖、"泉州历史文化名城规划"获福建省科技进步二等奖。1989年编著出版的《外国城市建设史》获1992年国家优秀教材奖。在国际学术会议上宣读的论文有《人、自然、建筑、城市——略谈中国城市规划与设计的继往开来问题》(1980年，东京)，有《中国的区域规划，以中心城市为依托，促进中小城市的发展》(1984年，西柏林)。曾结合教学任务完成嘉什、泉州等10多个城市的总体规划与详细规划设计。1993～1997年发表《环境科学理论》与《国外城市规划的几点主要经验》等论文5篇。80年代以来校译书籍4册。

·宋承先· 1921年1月生。四川青神人。民盟盟员。1947年毕业于南开大学经济研究所。上海财经大学经济学系教授、博士生导师。中华外国经济学说研究会理事，上海外国经济学说研究会会长。主要成果：出版的著作有《〈资本论〉提要第四册》、《现代西方经济学》(获国家教委第二届普通高校优秀教材一等奖、1996年中国图书奖)、《过渡经济学与中国经济》。

·迟竹森· 1921年生。女。山东乳山人。大专文化。曾任初中英语、语文教师。主要成果：先后在《新中国妇女》杂志等报刊发表数百首诗词。1992年有诗作收入《当代诗人成名作选》、《当代诗家诗话辞典》。1994年出版《悼念敏夫诗文集》。著有《心声》一书。

·张羽· 1921年5月生。原名张甲。河南灵宝人。中共党员。1940年于河南省立洛阳师范肄业。曾任中国青年出版社编审、中共中央党史研究室革命烈士传编委会编委、《革命烈士传》第三、七卷主编。主要成果：曾参加创办《红旗飘飘》丛刊并负责编辑1～6卷、31卷，审读长篇小说《红旗谱》，加工整理《王若飞在狱中》，担任长篇小说《红岩》及《在烈火中永生》责任编辑，编辑出版陈登科的《风雷》、李準的《不能走那条路》、峻青的《最后的报告》、杨朔的《万古青春》、秦牧的《黄金海岸》、臧克家编的《中国新诗选》及《青年文学创作选集》(共10卷)和《青年英雄的故事》，以及苏联小说《茹尔宾一家》、长诗《卓娅》等100多部。个人主要作品有传记文学《辉代英传》、《王孝和》、《碧血红花》、《阿穆尔风雪》、《萧也牧之死》、《爱与死的搏斗》、《曾家岩的婚礼》，文学回忆录《我与〈红岩〉》，散文《高山与小溪》，长诗《奴隶之歌》等。事迹被收入《中国出版人名词典》、《中国作家大辞典》、《共和国奠基人名典》、《编辑记者一百人》、《中国文艺家传集》、《中国当代艺术界名人录》。

·张大光· 1921年7月生。吉林长春人。1948年毕业于东北大学工学院。东北电业管理局基建处教授级高级工程师。主要成果：先后参加阜新发电厂、坝桥热电厂、富拉尔基热电厂等的锅炉安装。曾负责元宝山电厂工程用吊重120t、吊高125m的塔式起重机的结构设计。事迹被收入《中国电力人物志》。

·张关克· 1921年2月生。笔名皓翁。河北任丘人。中共党员。1990年毕业于天津市业余书画学院。原新疆商业厅党组书记。新疆老干部书画学会副会长，新疆商业职工书画摄影协会会长，中日韩新书画家友好联盟理事，菲律宾中华逸吟神墨诗书画国际展览会名誉顾问，新疆诗词学会常务理事，世界书画家学会理事。主要成果：书法作品获国际三等奖，被国家文联等单位评为二级作品。国画获全国"红军杯"三等奖及各类大赛一、二等奖。作品在国内多种报刊发表。

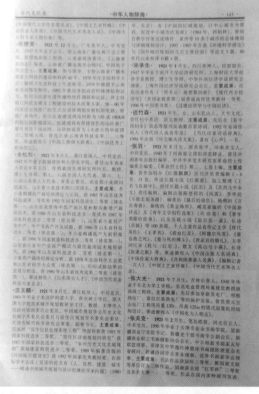

图1-20 《中华人物辞海》中收录的沈玉麟词条

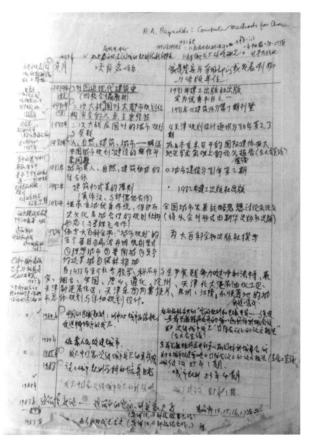

图1-21　沈玉麟1980—1983年参与项目及发表刊物情况

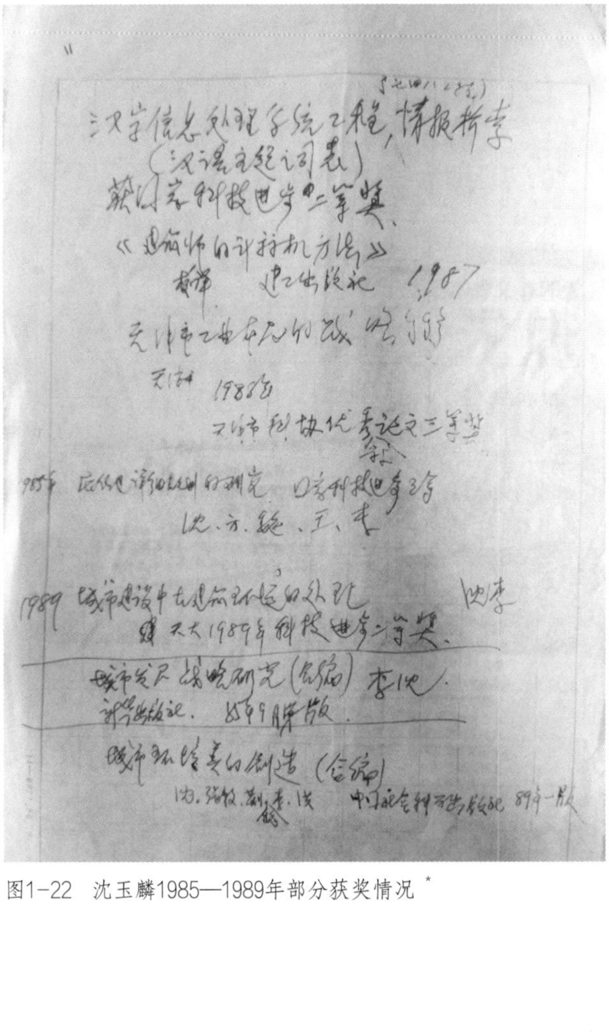

汉字信息处理系统工程（七四八工程）情报检索（汉语主题词表），获国家科技进步二等奖；

《建筑师的计算机方法》校译，中国建筑工业出版社，1987年；

天津市工业布局的战略东移，1988年，天津市科协优秀学术论文三等奖；

1985年，居住区详细规划的研究，国家科技进步三等奖（沈、方、魏、王、李）；

1989年，城市建设中古建筑环境的处理，天津大学1989年科技进步二等奖（沈、李）；

城市发展战略研究（合编），李、沈，新华出版社，1985年9月出版；

城市环境美的创造（合编），沈、张敕、荆、魏、李、洪，中国社会科学出版社，1989年一版。

图1-22　沈玉麟1985—1989年部分获奖情况 *

*　针对此草稿的文字识别请参考该图片右侧的文字。

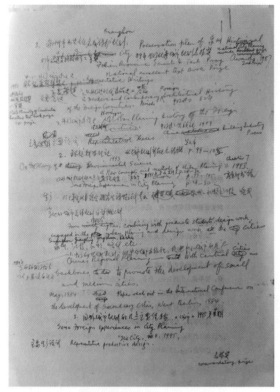

图1-23 沈玉麟部分获奖情况

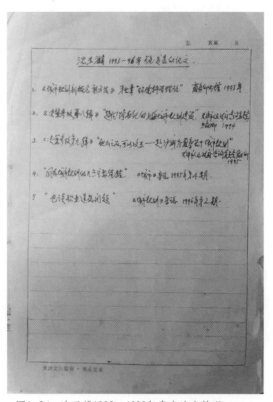

图1-24 沈玉麟1993—1996年发表论文情况

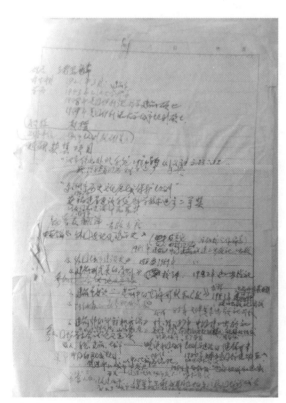

图1-25 沈玉麟个人简历草稿1

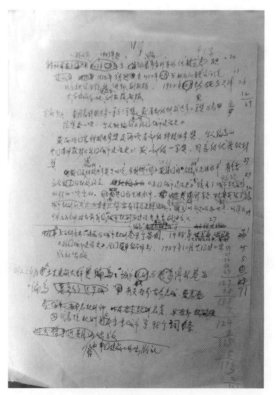

图1-26 沈玉麟个人简历草稿2

第一篇 沈玉麟相关资料

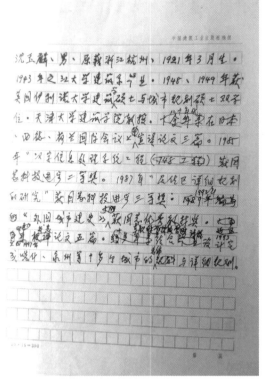

图1-27　沈玉麟个人简历草稿3

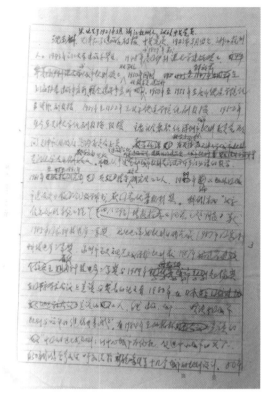

图1-28　沈玉麟个人简历草稿4

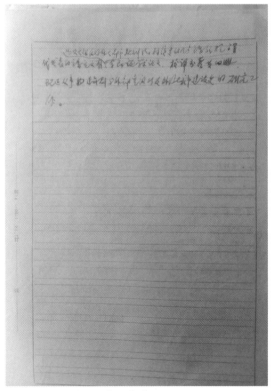

图1-29　沈玉麟个人简历草稿5

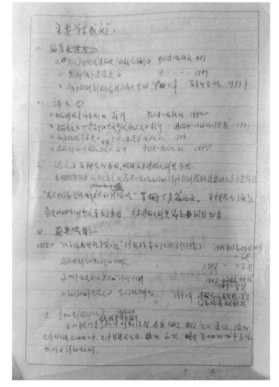

图1-30　沈玉麟个人简历草稿6

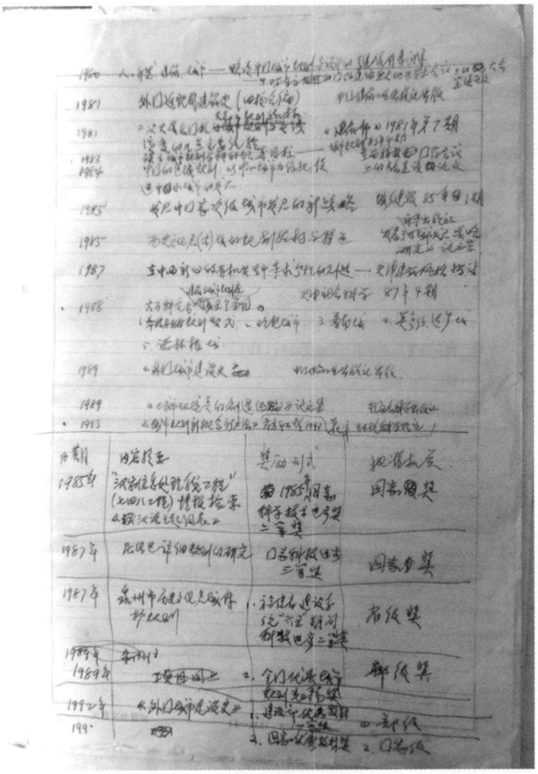

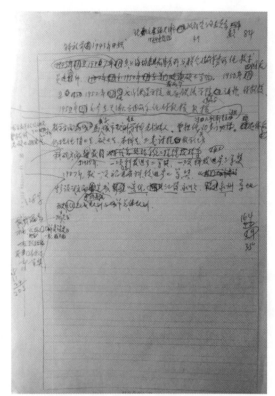

图1-31　沈玉麟个人简历草稿7

图1-32　沈玉麟个人简历草稿8

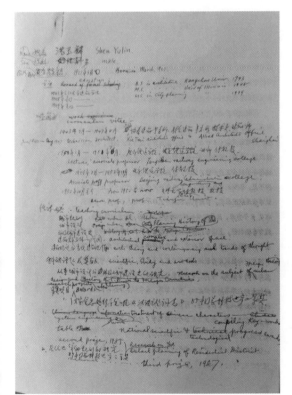

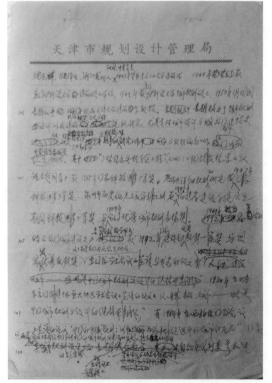

图1-33　沈玉麟个人简历草稿9

图1-34　沈玉麟个人简历草稿10

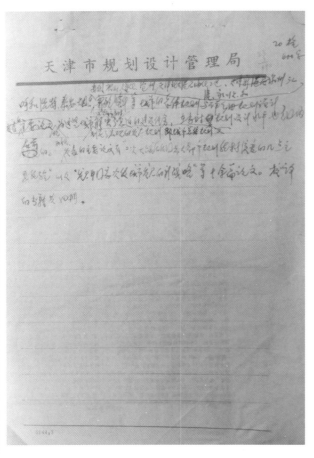

图1-35　沈玉麟个人简历草稿11

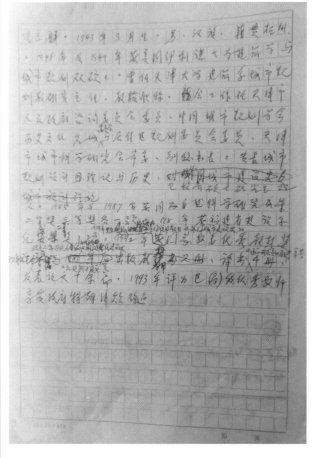

图1-36　沈玉麟个人简历草稿12

第二篇　他山之石，可以攻玉

1. 谈谈城市规划学科的培养目标

沈玉麟

目前我国大学设置的城市规划学科类型有三种：建筑院校的城市规划专业，城市规划专门化以及文理院校的城市规划专业。

这三种类型的培养目标、学科基础以及毕业分配对口，各有不同；正由于教学要求各不相同，因此提高教学质量的关键在于打好各自不同的专业基础，以便同学毕业后在实践中去锻炼提高，"从战争中学习战争"。毕业分配工作要对口，不要勉强同学脱离自己的基础去做与基础不对口的工作。

例如，文理院校的城市规划毕业生常常被分配到大中城市搞城市总体规划，尤其是到了中等城市，就得独当一面。由于工程技术与建筑设计不是这个专业的基础，他们工作很吃力，自学也困难。我们从访问中了解到大家认为这类专业最好不要命名为城市规划专业，以便毕业分配时与建筑院校有所区别。看来，改个名称为好。文理院校经济地理系办的这个专业很重要，其专业基础是政治、经济、地理、社会学、哲学、心理学与法学等，可以学一点工程与建筑的科普知识，但不要太多，这不是他们的基础，学多了会削弱这个专业自己的学科基础，并且毕业后也不要分配干建筑与城市工程类的业务。他们毕业后可以搞国土规划、区域规划、城市发展战略规划，以及城市规划中的人口、经济、工业分布等规划。

目前我国建筑院校办的城市规划专业，由于是四年制，实际上教学计划与课程内容与城市规划专门化差得不多。我们认为，这两种类型的专业基础也应有所侧重。城市规划专业应侧重于城市工程的专业基础与建筑设计的专业基础。城市规划专门化侧重于建筑设计专业基础。城市规划专业的毕业生可以分配搞总体规划，这里有各种复杂的城市工程问题。不仅是工程技术问题，其他如政治、经济、艺术等问题在总体规划中也无所不包。我们建议，学制年限是否可以延长一年，即五年毕业。

城市规划专门化毕业的宜于分配搞详细规划。但最好毕业后先搞几年单体建筑设计，然后转入详细规划。按我们的理解，城市规划专业相当于国外的Urban Planning，城市规划专门化相当于国外的Urban Design，亦可译为"城市设计"。国外搞城市设计的建筑师都是在单体建筑设计方面已有造诣的建筑师，所以我们主张城市规划专门化的毕业生应该是单体建筑设计与详细规划都精通，如果详细规划建筑师不搞单体，他的详细规划是不易落实的。

最理想的培养方案，是城市规划类专业，多招收研究生，以适应四年时间短，不易在大学本科学完许多学科的特点。

（原载《城市规划教育漫谈》1983）

2. 城市是人、自然、建筑组成的综合体

沈玉麟

人类的城市与环境是当前学术界议论的一个重要议题。本文仅就城市是由人、自然、建筑组成的综合环境谈一点看法。

一、在城市环境中，人是主体，要处理好人与物、人与技术的关系。

历史上古希腊及意大利文艺复兴都曾强调过人，虽然当时古希腊的人是指奴隶主与自由民，文艺复兴时期的人是指资产阶级，但在处理人与神的关系，以及古希腊民主政治反贵族奴隶主，文艺复兴反中世纪神权统治方面，都适应时代发展的需要，使文化艺术繁荣昌盛。

处理好人与物的关系，以及人与技术的关系，是一个很重要的问题。我们重视科学技术，但必须使科学技术及研究成果为人服务，那种摩天大楼林立拥挤，空中车道叠三架四的所谓物质文明，是见物不见人，不足以效法的。城市规模无限扩大，也是见物不见人的一种表现。

我们说，人是主体，指的是城市环境规划应从人们在满足物质功能要求上的适用程度及精神要求上的舒快感觉，使城市环境空间在体量、形状、大小、尺度、围透、色彩、装饰等方面，都顺应人的活动状态和活动规律，并使人类的感受满足生理上和心理上的要求，这种城市空间，既没有高楼重叠的压抑感，也没有交通紊乱的危险感，更没有尺度上和色彩上的局促和不适感，使人与自然、人与建筑，人与城市相得益彰。建筑体量、院落大小、城市空间都能与人体尺度成比例。考虑到人对美的感受和视觉的要求，使人及其容体——自然环境、建筑组群、城市空间得到尺度上的协调，感觉上的舒适，使用上的方便。同时要处理好各个环境空间，人及人在环境中与各种活动体之间各相对应的时空关系。

城市规划与建设必须以人为主体，体现人民的意志。必须创造具有民族特色、地方特色和自然特色的人民城市。这是我国当前城市规划应着重探讨的首要课题。

二、人、自然、建筑、城市是一个整体，要保护、利用和改造自然，使自然更好地为人类服务。

大自然的出现早于人类，但人类驾驭自然，使自然为人类所用，使自然为人类提供物质资源和精神资源。青山、绿水、蓝天、白云、碧树、红花，美化了人类环境。人和人的生活不宜离开自然。

要保护自然，利用自然和改造自然，使人、自然、建筑、城市形成一个整体，使自然更好地为人类服务，这是城市环境规划最基本的要素。

人，生活在自然中，从原始聚落到城市的出现，都是从大自然中得到启示和索取资源而逐步形成的。现代城市的兴起和发展更是进一步认识自然、利用自然和改造自然的结果。

古今中外，一切著名城市都善于利用自然、改造自然。我国古代都城，从秦咸阳到汉唐长安，从宋汴梁到元明清北京，都使自然景观与城市特色浑然一体。外国城市从古希腊到中世纪堡垒城市，从文艺复兴到华盛顿和巴黎的建设都使自然环境与城市环境互相结合，彼此增色。

我国山水名城桂林，自然景色独好。山势以奇、险、秀著称天下，水体以静、清、绿名扬中外，再加上小舟竹筏，云雾迷蒙，构成一幅绚丽多彩的画卷。古代桂林就建造在这样的自然环境中，不愧为自古称颂的山水甲天下的如画城市。

我国文物名胜古迹和风景资源遍布全国各地，而且不少与城市紧密依存。有的整个城市就是一个文物宝库。对此，我们必须十分注意保护这些城市的名胜古迹和自然风景，以便使名山、名水、名林、名园大放异彩，为城市增添景色。

1949年后我们在这方面工作做得不够理想，尤其是"文化大革命"，破坏了像桂林、杭州、苏州及其他许多城市的自然景象、文物古迹和城市环境。我们已大力呼吁："拯救桂林""解放西湖""保护苏州"，并号召所有城市注意保护、利用和改造自然，让自然为城市增色，为人类服务。

三、建筑是城市的主要组成部分，要与人、自然、城市融为一体。

建筑是"人用石头在地球上写的立体文献"，是城市的主要组成部分。我国古代优秀传统建筑，小至民居、庭园，大至宫廷陵墓等，都非常重视建筑与人、建筑与自然、建筑与城市的结合。从一个房间到整个建筑，从建筑物内部空间到外部环境，从一组建筑到整个城市，总是有机地联系着、协调着，并且与园林和自然环境紧密结合。充分利用水光、山色、林木、地势，顺乎自然，因地制宜。使建筑与人的需要、与自然美、与城市景色结合起来。

以承德古建筑为例，避暑山庄与外八庙的设计和布局做到了人、自然、建筑与城市浑然一体。避暑山庄内部各种建筑各据地势，各具风格，配合园林山水，沿着观赏路线，随着人流而动，展示出一幅空间景观连续变化的图画长卷。从建筑群向外看，可以看到各民族建筑手法被巧妙地融为一体。从"外八庙"看山庄，仿佛又组成了一个更大的园林建筑群。

以北京故宫为例，从正阳门循御道北上到太和殿的一千七百米距离内，要穿越六个大小不同，形状各异的封闭空间，并重点突出建筑群艺术处理上的三个高潮——天安门、午门、太和殿。太和殿处于庞大的故宫建筑群的中心，是当时极为重要的政治性建筑物，是封建帝王"至高无上"的政治地位与权力的象征。建筑物的尺度、体量和空间气氛起到了烘托王者之威的作用，表达了人与人（统治者与被统治者）的社会关系，以及人与自然、人与城市的关系。遗憾的是，我们今天往往就建筑论建筑。一条马路，两排列车车厢式的建筑物鳞次栉比，密不通风，千篇一律，失去了个性，失去了风格，失去了传统。即便是单体建筑设计得如何美好，也不能组成完美的建筑群和得体的建筑空间，造成建筑与人、建筑与自然、建筑与城市的不协调。

要学习传统，继往开来，创造出社会主义城市的建筑风格，就要使人、自然、建筑、城市融为一体。

四、城市是由人、自然、建筑组成的综合环境。

综上所述，城市应是由人、自然、建筑组成的综合环境。要处理好这个综合环境，首先是搞好城市选址。古人所谓"看风水"，就是要结合山水地形，因地制宜，使自然景观纳入城市，从现存十三世纪刻绘的宋《平江》图的石碑中，可以清晰地看到这个城市依山傍水，是一个有利于巩固城防和发展农业的好地方，并以水为中心，创造了水陆两套互为依存的交通系统。

其次，必须从城市布局上下功夫。布局应根据城市性质规模、功能要求和时代特点、民族特点和地方特点来定。如西安、北京反映了古代都城的政治需要，分区明确，布局严谨，而苏州，则充分利用水的资源，以繁荣经济，方便交通，平面布局随水势灵活变化，而不求方正规矩。

城市选择与城市布局是否尽合人意，取决于规划与建设是否以人为主体，是否利用自然，是否把建筑作为主要组成部分而设计得体，使城市真正成为由人、自然、建筑组成的综合环境。

今天我们已从过去三十年城市规划实践中得到教益，迎来了城市规划的新的春天。我们将继往开来，创造出更为美好的由人、自然、建筑组成的城市综合环境。

（原载《城市建设》1983）

第二篇　他山之石，可以攻玉

3. 发展中国家城镇建设战略的新调整
——1984年西柏林"促进次级城市发展"国际会议综述

沈玉麟　顾文选

　　1984年5月，由联邦德国国际开发基金会等三个组织发起，在西柏林召开了"空间规划和区域开发——促进次级城市[1]（Secondary City）发展"经验交流会。会议集中讨论的问题是如何推动次级城市的建设以实现国家各地区经济、社会相对平衡发展。现将会议反映的一些发展中国家次级城市建设动向综述如下。

一、城镇建设战略的新调整

　　第二次世界大战后，世界各国工业化和商品经济迅速发展，相应城市化速度也日益加快。20世纪五六十年代，不少发展中国家以中心地理论（Centre Place Theory）为基础，提出了增长极核策略（Growth Pole Strategy）来指导城市的发展。所谓中心地理论是20世纪30年代由德国经济地理学家克利斯泰勒首先提出的。他从行政管理、市场经济、交通运输等三个方面对城市的分布、等级和规模进行研究，提出了理想的正六边形城市体系模式。该理论还强调，处于中心地位的城市，主要应搞好自身的市政和社会基础设施，以影响和服务于次级中心与腹地。增长极核策略面对战后经济发展的迫切要求，则强调自上而下地在中心城市安排工业项目，试图以中心地繁荣来推动周围地区的发展。增长极核策略对发展中心城市，争取较高的经济效益，曾起过积极作用，但由于它偏重于中心城市的发展，加之其他社会因素的影响，导致发展中国家中心城市人口过分膨胀，农村人口急剧减少，使大城市产生了住房、交通、供应、就业、环境恶化、犯罪率升高等多种问题。广大农村并未因中心城市的发展而富裕，相反，其资源、人力、投资机会反被大城市吸引走，形成所谓"外倾型经济结构"（extroverted economics structure）。20世纪60年代以后，不少国家转而抛弃增长极核策略，采取普遍发展农村小城镇的建设方针。1975年日本的名古屋会议、1980年联合国人类居住会议、1982年曼谷小城镇建设经验交流会都明显反映了城镇建设战略上的这一重大转变。这些会议我国都曾派代表出席。

　　十多年实践证明，发展基层小城镇的方针取得了一定成果。坦桑尼亚20世纪70年代中叶曾推行乌茄玛（Ujama）村庄化计划，迄今已有1680多万人（占总人口84.5%）从散居状态聚集在8570个中心村镇里。每个居民点平均近2000人，这为提供公共服务设施，创造较好的经济效益提供了可能条件。但

---

1. 次级城市是同在全国居主要地位的中心大城市（Primate City）相比较而言的，它大体相当于我国的中等城市和小城市。但在人口稠密、经济发达地区，也可包括人口在50万以上的某些大城市，在人口稀少的地区，则可包括有影响力的地方性中心镇。故译为次级城市。

实践也反映出这样一个问题，即目前普遍发展基层小城镇尚有不少困难。小城镇量大面广，国家不可能普遍投资或给予物质支持，基层小城镇的各项城市基础设施水平低，缺乏强有力的吸引力。此次西柏林会议，泰国、坦桑尼亚、埃及、也门等国家都反映了这一问题。这次会议的代表，来自亚、非、拉13个发展中国家，尽管各国情况千差万别，但都反映了一个共同的认识：对首都和大的中心城市一定要控制其人口和规模，分布于全国基层的中心镇也需要发展，但目前还不完全具备条件，优先发展的应是在资源、交通运输、人力、城市基础设施等方面具有明显的或潜在的优势的中等城镇。如埃及代表提出优先发展10万~50万人之间的中等城市，在地区上加速发展亚历山大市，以形成开罗的反磁力中心，重点建设苏伊士运河带和上埃及七个中心镇，以同尼罗河三角洲和下埃及的城镇相平衡。东非马拉维将全国37个有发展潜力的地方性中心分为三类，并确定第一类优先发展9个，以控制人口、经济继续向两个全国中心城市迁移。泰国提出重点发展三个边境地区的清迈等五个中心城镇和东部沿海区，以与曼谷和中心区的过密发展相平衡。巴西从1980年起在世界银行资助下重点扶持11个次级中心城镇，同时限制里约热内卢和圣保罗两个全国中心城市的膨胀。会议表明，重点发展次级城市的方针已获得发展中国家的普遍重视。如果说从20世纪五六十年代集中力量发展中心大城市到20世纪70年代积极发展基层小城镇（small town, small growth centre），是一次重大战略转移的话，那么从20世纪80年代开始各发展中国家相继把重点转向推动次级城市的发展，则可被看作城镇建设战略的一次新调整。

二、发展次级城市的作用

由于上述建设战略的新调整时间不长，许多发展中国家对发展次级城市的理论和实践还处于探索阶段。他们的实践表明，发展次级城市在国土开发或区域开发中的作用主要有下列几个方面：

（1）发展次级城市使全国或区域内城镇布局更趋合理，对中心城市反农村人口继续向大城市迁徙起缓冲作用。肯尼亚、马拉维等国的例子生动说明发展次级城市可以疏散继续向首都和中心大工商业城市涌进的人口。

（2）次级城市作为广大腹地的社会、经济、文化中心，有助于推动小城镇及农村的发展，阻止小城镇和农村腹地的资金、原料和企业投资被吸引到极少数业已臃肿的大城市或特大城市。与会代表总结了过去片面运用增长极核策略导致大城市膨胀失控的教训。

（3）次级城市由于多是国家内各省区或亚区的中心，其发展和繁荣可以使整个国家的经济和城镇布局取得较大的均衡，有利于逐步缩小各地区间的差别，为消除落后贫困地区创造条件。肯尼亚全国仅三分之一的地区有各种城镇，其他三分之二的国土仅有散居的农村居民点，首都内罗毕则是畸形发展。他们采取发展各类次级城市的方针，以医治过去殖民主义留下的不合理的城市与经济布局。

（4）发展次级城市有利于就近向小城镇和农村腹地提供多种商品与服务，促进这些地区中小型企业和各项经济的发展，从而在全国构成合理的经济网络。巴西、泰国、马拉维、埃及、印尼、阿拉伯也门共和国等国都比较注意从区域的角度建立和完善各类次级城市的标准各异的市场服务功能、生产服务功能、银行财政功能、公用事业功能、市政基础服务功能等。印尼还具体规定最基层的中心的影响和服务半径为半小时汽车车程的距离，县级发展中心的服务半径为1小时车程的距离，试图以此形成全国各地的经济网络，达到均衡受益。

（5）发展次级城市有利于整个国家各地区政治管理体制的统一，有利于向全体社会成员提供科学、文化、就业等方面的均等机会，因而有助于促使社会繁荣与稳定。

总之，次级城市的作用可归纳为三种基本功能，即促进区域内社会、经济发展的功能，分解中心大城市继续膨胀的功能，为周围小城镇和广大农村腹地提供服务功能。

三、如何推进次级城市的发展

与会代表都主张把次级城市的发展规划建立在国土规划或区域规划的基础上，根据各国的具体实际情况，修正完善中心地理论，将全国分为若干区域，在区域内选择或布置次级城市作为发展的中心。例如泰国把全国分为1个中央区和3个边境区，每区内选定1到2个区域增长中心(regional urban growth centres)、1到2个次级增长中心(subregional growth centres)和若干个低级增长中心(lower-order centres)。秘鲁把全国分为北、中、南3个经济区，北区依据实际情况又划出8个亚区，并设8个次级发展中心，中区有6个亚区，南区有5个亚区。这些次级城市的发展不是一哄而起，齐头并进，而是要分步择优发展。马拉维还依据几个指标，给各城市"评分"，然后提出一个滚动式的发展计划。如何推动次级城市的发展，就此次会议的讨论和报告，可归纳为以下几个原则。

（1）政策与建设必须着眼于特定受益者的利益与要求，特别是要有利于无房或住房条件极差的人改善居住条件，有利于地方政府行使行政管理权益，有利于居民工作环境的改善，有利于中小企业与商业服务业的投资，有利于腹地的农民发展工副业生产。

（2）政策与建设必须有利于最大限度地开发与利用地方经济资源和人才资源。

（3）采取"自上而下"(Top-down)与"自下而上"(Bottom-up)相结合的方针，主要依靠地方本身自下而上发展经济的能动性，同时国家也要择优支持一些次级城市的发展。为了真正推动自下而上的发展，必须加强次级城市的地方决策权、地方的管理责任和建设项目的地方自筹能力。与会代表反映，目前普遍存在地方权力和经济实力不足的问题，不改变这种情况，将影响次级城市的开发。

（4）规划与实施必须同步考虑。通过可行性研究，在规划的开始阶段就应考虑建设造价与维修配套所必需的开支，确保资源开发的方向，着眼地方经济的发展，争取各种政治力量的支持，刺激投资者对开发资源和经营工商业的兴趣。

（5）必须注意发展的连续性。规划与建设是一个长期持续的过程，特别是每个具体的建设项目的设计，要注意时间与空间的衔接。规划要灵活，具有弹性，处理好当前与长远的关系，着力解决眼前最迫切的问题，而将其他问题留待将来去解决。

为推动次级城市的发展，与会代表对加强次级城市的机构、财政、完善方法和人才培训等问题，进行了专题讨论和交流，并提出了建议。

机构。各国地方机构力量较弱。泰国、马拉维都是由国家机构直接与地方城市接触，帮助地方制定次级城市发展规划，巴西则是由国家区域规划机构帮助次级城市编制发展规划。许多代表认为，在国家、省区和地方城市三级机构中，最薄弱的是地方中心城市，加强这些城市的规划和管理机构，是次级城市发展规划得以实现的关键。所谓加强地方机构，主要指增加地方城市在财政、行政、预算、人员调配等方面的综合管理权力，增强规划管理和技术管理方面的权力，特别是土地利用管理和建筑管理，提高地方城市机构管理人员的技术素质，不断改善他们对市政工程和社会服务设施等工程的设计咨询工作。

　　方法。由于各国情况不同，次级城市的确定标准和选址定点方法也各不相同，但都倾向于考虑以下三个方面：一是地方的行政管理中心，二是社会服务中心，三是物资集散的中心。有的国家如马拉维提出各中心间要有经济的距离，印尼提出以半小时汽车车程的距离为低级中心间的经济距离，以保证各中心有适宜的腹地范围。秘鲁选择中心着眼于工业发展的潜力，泰国则强调是否能推动农村腹地的发展。

　　财政。许多代表提出必须照顾地方利益，把一部分公共税收下放给地方，加强地方城市政府的财政管理权力，完善征税制度与拨款使用办法。

　　人才培训。代表们普遍强调必须大力加强培养地方规划设计人员，尤其是培养师资。培训方式，大多数地方性专业技术人员应以国内培训为主，国家级专业人员应积极争取国际培训，或请外籍教师到国内培训。

四、发展中小城市几个值得注意的问题

　　在西柏林会议上，我们以"中国的区域规划：以中心城市为依托，促进中小城市的发展"为题做了大会发言，受到与会代表的重视与欢迎。但比较起来，我们这方面的工作还是刚刚开始，我们应该经常交流，取长补短，从其他国家的经验中吸取有益的东西。

　　1.中小城市的发展规划应建立在区域分析的基础上。多数发展中国家在制定次级城市发展规划时，一般都首先把全国划分为若干区，再将区分成若干亚区，分别选定区或亚区的中心城镇。在对这些区或亚区的自然条件、经济技术条件、人力资源条件、基础设施条件和政治社会情况进行综合分析的基础上，对各中心城镇的性质、功能、规模、在全国或全区城镇体系中的地位、今后发展方向等做出原则规定后，再进一步编制城市的经济发展规划和市政工程等基础设施建设规划和土地利用规划。我国国土面积大，各省、自治区在长期发展中已基本形成相对稳定的经济和行政管理区，目前一般可以省、区为单位进行这种分区规划，并以此为基础编制全省中心城市战略布局规划。这种规划开始不一定很细，但对各级中心城镇所应承担的职能，应具备的条件及发展的优先顺序提出要求，或做出较明确的规定。

　　2.加强地方规划机构，给地方城市以更多的自主权。相应的城市规划和管理机构对经批准的城市建设项目及其财政预算，应有更多的自主权。许多国家的规划管理机构，每年都要依据经批准的规

划，提出城市建设计划并做出相应的预算，地方城市政府也依章征税，以维持城市建设的资金来源。目前我国正在进行城市经济管理体制的改革，对一些大的中心城市进行扩权放权的试点，建议各省对已确定重点发展的中小城市也进行类似的试验。

3.发展中小城市的内容、标准与要求，各国国情不同，不可能一致，应根据自己的情况实事求是地确定，但以下几点则是共同的。

（1）加强中小城市的市政公用设施和社会服务设施，以增强城市的服务功能与吸引力；

（2）根据资源特点，推动中小型工业建设，搞好市场和商业服务业网点建设，增强城市的经济实力；

（3）健全和完善城市的职能组织机构，加强对城市规划、建设、管理人员（包括城市建设项目预算和经济分析人员）的培训，提高城市的管理能力。

4.要把各类各级城市发展划入全国或全省的经济社会发展计划中。泰国从1964年开始实行五年计划，头两个五年计划，重点发展首都曼谷，计划明确确要求加快曼谷的基础设施和工业投资，20世纪70年代的第三个五年计划和20世纪80年代初开始的第五个五年计划，都明确要求重点发展曼谷以外中部区、东部沿海区和三个边区的地方中心城市。马来西亚和巴西已把今后五年城市发展的重点、政策正式列入全国经济社会发展计划。

（原载《城市问题》1985.1）

4. 发展中国家次级城市发展的新战略

沈玉麟 顾文选

1984年5月，由联邦德国国际开发基金会等三个组织发起，在西柏林召开了"空间规划和区域开发——促进次级城市发展"经验交流会。次级城市大体相当于我国的中等城市和小城市，但在人口稠密经济发达区，也可包括人口在50万人以上的某些大城市，在人口稀少的地区，则可包括有影响力的地方性中心镇。这次会议有来自亚、非、拉13个发展中国家参加，各国情况千差万别，但都反映了一个共同的认识，首都和大的中心城市一定要控制其人口和规模，分布于全国基层的中心镇也需要发展，但目前优先发展的应是在资源、交通运输、人力、城市基础设施等方面具有明显的或潜在的优势的中等城镇。可将这些看作城镇建设战略的一次新调整。

发展次级城市在国土开发或区域开发中的作用有下列几个主要方面：

——使全国或区域城镇布局更趋合理，对中心城市及农村人口继续向大城市迁徙起缓冲作用。

——次级城市作为广大腹地的社会、经济、文化中心，有助于推动小城镇及农村的发展，阻止小城镇和农村腹地的资金、原料和企业投资被吸到极少数大城市或特大城市。

——次级城市的发展和繁荣可以使整个国家的经济和城镇布局取得较大的均衡，有利于逐步缩小各地区间的差别，为消除落后贫困地区创造条件。

——发展次级城市有利于就近向小城镇和农村腹地提供多种商品与服务，促进中小型企业和各项经济的发展。在全国构成合理的经济网络。

——发展次级城市有利于整个国家地区政治管理体制的统一，有利于向全体社会成员提供科学、文化、就业等方面的均等机会，促进社会稳定。

总之，次级城市的作用可归纳为三种基本功能，即促进区域内社会、经济发展的功能，分解中心大城市继续膨胀的功能，为周围小城镇和广大农村腹地提供服务的功能。对如何推动次级城市的发展，就会议讨论和报告，可归纳为以下几个原则。

——政策与建设必须着眼于特定受益者的利益与要求，特别是要有利于无房或住房条件极差的人改善居住条件，有利于当地政府行使行政管理权益，有利于居民工作环境的改进，有利于中小企业与商业、服务业的投资，有利于腹地的农民发展工副业生产。

——政策与建设必须有利于最大限度地开发与利用地方经济资源和人才资源。

——采取"自上而下"与"自下而上"相结合的方针。主要依靠地方本身自下而上发展经济的能动性，同时国家也要择优支持一些次级城市的发展。为了真正推动自下而上的发展，必须加强次级城市的地方决策权、地方的管理责任和建设项目的地方自筹能力。

　　——规划与实施必须同步考虑。通过可行性研究，在规划的开始阶段就应考虑建设造价与维修配套必需的开支，确保资源开发的正确方向，着眼地方经济的发展，争取各种政治力量的支持，刺激投资者对开发资源与经营工商业的兴趣。

　　——必须注意发展的连续性。规划与建设是一个长期持续的过程，特别是每个具体的建设项目的设计，要注意时间与空间的衔接。规划要灵活，具有弹性，处理好当前与长远的关系，着力解决眼前最迫切的问题，而将其他问题留待将来去解决。

　　为推动次级城市的发展，与会代表对加强次级城市的机构、财政、完善方法和人才培训等问题，进行了专题讨论和交流，并提出了建议。

　　各国地方机构力量较弱，要给予加强，这主要指增加地方城市在财政、行政、预算、人员调配等方面的综合管理权力，增强规划管理和技术管理方面的权力，特别是土地利用管理和建筑管理，提高地方城市机构管理人员的技术素质，不断改善他们对市政工程和社会服务设施等工程的设计咨询工作。许多代表提出必须照顾地方利益，把一部分公共税收下放给地方，加强地方城市政府的财政管理权力，完善征税制度与拨款使用办法。

（原载《城乡建设》1985）

5.在中西新旧的有机共生中寻求个性的创造
——新时期天津建筑风格探讨

洪再生 沈玉麟

早在20世纪40年代,杰出的建筑与城市规则理论家伊利尔·沙里宁就指出:"让我看看你的城市,我就能说出这个城市居民在文化上追求的是什么。"当人们看到今日天津,一定也很渴望从中了解天津人民在文化上正进行什么样的探求。的确,文化上的探求常常凝聚成一种个性特征,促使城市形成它自己独特的建筑风格,这种风格令人产生耳目一新,或耐人寻味,或漠然处之的印象。新时期正逐步形成的天津的建筑风格给人的印象是颇为鲜明的,从中也透射出人们的思想观念与文化心理结构的变化。尤其是一系列颇有特色、"津味"十足的建筑的建成,使这一北方最大的工业城市在人们心目中陡然升高了它的文化地位,从中也使人们看到了天津在建筑风格中寻求个性创造的轨迹。

天津的历史与文化具有独特的个性和传统,我们姑且称之为历史与文化的"天津性"。在几百年沧桑巨变的岁月里,天津这块土地经历了多次文化的更替与交融,这种更替与交融产生文化与历史的"天津性"是很值得重视的。

天津平原上的古文化遗存本身兼具燕、齐、赵各国因素,唐、辽文化也曾在此交融发展。因为天津三河会海,漕运发达,在沟通南方腹地与北京都城联系的同时,"腹地文化"也大量移植到了天津,并在天津民俗艺术中得到充分的体现。鸦片战争中,天津也在1860年被迫开为商埠,从此西方文化大量涌入,"中外糜集旧事全非",这次文化的冲击,形成了近代天津文化与城市风貌的一大变迁。

所以,在"天津性"的传统中,很突出的一点就是包容性:善于融入中西文化,创造出一种天津的特色与风格。这一点对于今天无疑具有不可低估的启示作用。

传统的土壤,为形成今天的天津建筑风格奠定了坚实的基础。改革开放又使人们的思想观念和文化心理结构发生了前所未有的变化,人们开始重新认识传统的价值,认识历史建筑的价值,认识个性创造的价值。

1.强调民俗与注重传统

近年来,在建筑设计及创作中开始重视世俗艺术与天津风情,并且做了一些有益的尝试。可以说,新近建成的古文化街,是体现天津传统建筑特点、文化上继承传统建筑艺术、心理上与寻根趋势相呼应的代表作。虽然这条街完全仿古,缺乏应有的时代感,但它仍不失为成功之作。

天妃宫建造的历史,可追溯到元代,当时海上运输很不发达,海难时常发生,人们每次航行前后

第二篇 他山之石,可以攻玉

都要朝拜天妃，祈求保佑。从历史角度看，天妃宫是天津城的某种标志和象征。古文化街的兴建，利用了原来的宫南宫北大街，并突出强调文化上的延续感，利用旧建筑翻建改造，采用具有天津特色的仿清小木作的建筑形式，使用传统的招牌、门脸，让人倍感自然、亲切。

古文化街宽8米，尺度宜人。在建筑空间的三个界面的处理上，都刻意追求传统的气氛，顶界面上突出屋顶、旗杆、各式的幌子；底界面则以条石铺装为主，侧界面是古色古香的青砖、红柱、灰瓦。每逢传统节日，这里还可举行庙会，熙熙攘攘，热闹非凡，进入其中恍若重游天津古城。

2.开发建筑的"情感价值"，创造独特的建筑"意象"

人们曾把"天津的小洋楼"与"北京的四合院"相提并论，甚至天津还享有"近代世界博物馆"的美誉。散布天津各个租界之内，营建于19世纪末20世纪初的西洋建筑，不仅体现出当时欧美的建筑艺术与技术，而且也成为天津的建筑代表，并在人们心目中具有"情感价值"。每当人们漫步在睦南道、大理道等人称五大道的几条街道上，或者徜徉在解放北路（素有"中国的华尔街"之称）上，常常会被造型的魅力所吸引，惊叹造物神工的技艺。拥有这些宝贵财富的天津，在现在的住宅建设与改造中，也已开始注重"情感价值"的再现与开发，这些住宅不仅作为满足人们生存需要的物质空间，而且作为具有情感价值的心理空间而存在。尤其是中环线沿线建筑的改造，是天津城市景观设计的佳例。在整个中环线所及的区域，以及市内一些主要街道，居住建筑的修缮对突出城市特色，提高环境整体效应，起到了很明显的作用。

天津租界建筑形成了天津独特的意象，并由此形成一个超然脱俗、情感价值丰富的城市环境风貌。在新建筑的设计、建造和旧有房屋的维修、整备中，注意大的色彩效果的协调，从天津旧有建筑中提取出一些有代表性的符号，运用到檐部的设计、墙面的分割与装饰之中，使人产生与天津小洋楼建筑在文脉上的连续感，不仅具有"观感价值"，同时也具有能激动人心的"情感价值"，改变了过去天津住宅建设中"光秃秃、灰糊糊"的面目，洋溢着生动的居家气氛。这种整饰与修造，基本上遵循形成城市新空间的思路，以提供尽可能多的信息量，使人产生联想，收到了较显著的效果。这种做法也与群众的审美经验积累相接近。"传统积累的基本审美经验不可废弃，新时代的审美要求应该和它结合，从它那里'推陈出新'而来"（王世德：《美学新趋势》）。不仅是天津人，许多到过天津的人，对这种"推陈出新"产生的审美效果，都有深刻的印象。

3.使文化连续并充满希望

信息社会将使各种交流变得异常广泛，同时会产生文化趋同的倾向。文化趋同不等于风格雷同，但处理不当易造成建筑形式的单调、建筑词汇的贫乏以及文化特征与地区特征的消失，因此追求个性的表现便成为人们努力的目标。当代颇为盛行的建筑符号学，是历史发展的产物。导致建筑符号学出现的原因是人们不能容忍现代建筑的语义贫乏，渴望将建筑创作与原有历史文脉相联系。国外在旧城改造过程中，通过建筑符号的提炼和升华，使城市的传统文脉得以延续和发扬。他们的经验，也启发了天津的建筑艺术创作，天津独山路国际商场虽然设计上不无瑕疵，但仍不愧为较突出的作品。

国际商场南端与老西开教堂（建于19世纪末的天主教堂）毗邻，为和环境呼应，国际商场的沿街立面采用拱窗形式作为视觉模式，建筑色彩也力图与作为底景的罗曼风格的教堂取得协调。在细部处理上，南端采用了梅花窗，这也是从教堂建筑上提取出来的符号，同时，建筑实体大效果上的简洁处理和瓷砖、茶色玻璃、铝合金门窗的使用，包括建筑内部的共享大厅的设计，把不同的意象和意念有机地统一在一起。它的引人入胜之处在于注重了环境中诸要素的整体效应，这是追求历史文脉的、多元多价的作品，是一座既有时代感又与环境取得了良好协调关系，能够代表天津新建筑风格的一个较为成功的设计。一个建筑师这样说过："建筑师的一个重要任务是用物质的表现形式去体现文化，并以此来提高文化，使其连续并充满希望。"可以说，国际商场在对城市新空间的形成方面做出了贡献。

天津近期进行的建设，大多考虑到天津的特点和风格，注重可识别性——区别于其他城市的特点，强调历史连续性。合资兴建的凯悦饭店，虽然设计上尚可进一步完善，但在建筑处理上将现代技术与民族形式兼顾，局部施加的彩绘，使人产生杨柳青年画的联想，地方特色很浓，反映了当今天津人的审美观点和思想感情。

4.高技术与高情感结合，为城市注入新的活力

建筑常常被认为是反映一个国家、一个民族、一个时代的镜子，是人类道德、文化、修养的标志。一座城市的历史和文化正是通过呈现在人们眼前的形形色色代表了各种不同历史时期、不同风格的建筑来体现的。"尊重老的、发展新的，城市就显得悠久而有生气"（见《中国城市导报》1985年9月26日）。

既在自己本地的社会历史和文化的丰富遗产上进行继承发展，又不排斥接受新事物、新技术及象征着时代前进的建筑形式，在城市空间的组织上又进行必要的引导和控制，使城市景观有变化，有过渡，有对比，有呼应，呈现出规律性的统一和谐，这样的城市必将更美。新近竣工的水晶宫饭店反映出高技术的风格，银白色的墙体、淡蓝色的条形玻璃窗，与天空有机地融为一体，迷蒙变幻，似水汽蒸腾，产生出梦幻般的境界，惹人喜爱。在与老区有一定距离的区域里，建设一些形式新颖，有时代感的建筑，可使城市空间变幻多姿，显现不同的意趣，并为城市注入新的活力。

在天津正式建城的数百年间，渗透着各种文化，因此在文化上是多元的。这与江南水乡、岭南城镇、汉中古都颇不相同。也正因为建筑形式的多元化，故而城市呈现着相当丰丽的环境景观。

建筑艺术隶属广义的造型艺术，建筑形象的构成，城市环境美的创造，体现出设计者审美层次的高下，同时也受各方面因素的制约，因时因地不同，形成每个不同区域的不同建筑形式与风格。新时期天津的建筑风格，概括地说就是注重个性的创造，以及新与旧、中与西的"有机共生"，相互结合。在以上的分析中，我们不难导出这样的结论。

生活在现在的时代，现代的城市中的人们需要"漫步于城市中，看到'多音部'的建筑、街道、色彩、形态、情调、气氛、节奏、韵律都是多样变化和谐统一的景观，产生赏心悦目，心旷神怡的美感，犹如听一首宏伟又优美的交响乐"（王世德：《美学新趋势》）。从这个意义上说，天津今天的建设所形成的新时期的建筑风格与人们的"审美期望"是相吻合的。

一个城市的建筑风格，并不单纯是一个表现形式的问题，它同时也是这个城市的历史传统、生活习惯、心理状态、审美情趣等的综合体现，是这一城市在历史长河中生存、发展的产物。莱辛说过："对于作家来说，只有性格是神圣的。"对于一个城市也可以做这样的引申，如果没有特色，如果它的风格不是兼容并蓄、有机共生的，那么它的生命力将会受到怀疑，事实上，它也绝不会获得真正的发展。

今年年初，我们曾就天津市的街区环境和住宅建筑等方面进行抽样调查，结果表明，从环境和建筑角度来说，最喜欢国际商场的占28.8%。喜欢劝业场和食品街的各占 15.3 %。喜欢水晶宫和古文化街的各占20.3%。我们还让居民就天津的哪几座建筑最好（无论建于何时，举五例）发表看法，其结果是凯悦饭店为67.8%，国际商场为61%，水晶宫饭店为57.6%，其次是食品街、古文化街、劝业场和西开教堂。这几幢建筑的形式差异是较大的，但都同样受到天津人民的喜爱。

生活是丰富多样的。在市区340多万人口中，年龄不同，文化层次也有差别，要求天津的建筑存在或者出现某一种单一的风格是不可行，也办不到的。必须在"有机共生" 中才能找出发展的途径。一个城市的建筑风格必须是稳定统一的，因为它是历史文化的积淀，又应该是丰富多彩的，因为它追随时代前进的步伐。我们这个时代，生活的迅疾节奏和变化万千，决定和要求城市的建筑风格必须适应多样化的大趋势，"时代的要求，其本身就是多样化的要求"（严迪昌：《文学风格漫说》）。

为什么法国的蓬皮杜艺术中心生机盎然，因为它打破了巴黎城的典雅与端庄，本身就充满着新时代的活力；为什么华盛顿的美术馆东厅备受青睐，因为它与旧馆有着某种天然默契，而又绝不雷同。文学史上唐诗的"诗盈数万、格调各殊"曾被认为是全面而丰富地表现了一个时代，那么，表现新时代的天津城，就需要沿着现在开出来的"中西、新旧的有机共生，寻求个性创造"的路子走下去，通过一批个性鲜明的建筑来体现城市的建筑风格与特征。只要我们注重文化的延续和地方特色的挖掘，我们的城市就能够在相同的条件下，展现出不同于其他城市的艺术风貌。

（原载《天津社会科学》1987）

6. 他山之石，可以攻玉
——赴浙沪考察若干城市规划

沈玉麟

一、区域规划宏观决策：浦东开发与长江三角洲区域城镇体系的形成带动了长江流域和杭州湾地区经济带高速度发展

高起点、跨世纪的浦东开发使上海作为三角洲首位城市的地位得到进一步巩固。它的龙头和"引擎"作用，推动了长江三角洲城镇经济稳定、持续、协调地向前发展。这个经济区域已形成特大城市、大城市、中等城市和小城镇组成的比较完整的区域城镇体系。在地域上，以上海为中心，苏、锡、常、宁、杭为次级中心的城市体系占据了长江三角洲的主体部分，其中上海与苏、锡、常构成这一体系的核心区，杭州、嘉兴、湖州和南通、泰州分属南北两翼。上海浦东的比翼齐飞再加上江浙三角洲地区城镇发展的整体合力，使上海逐步成为全国性经济中心，成为太平洋西岸有较大影响的国际性城市。

这个地区的城市发展模式可被形象地比喻为"T"形，即以沿海为一线，以与之垂直的沿长江向上海辐射为另一线，并可促进杭州湾地区的繁荣与发展。整个地区的经济腾飞将通过规划，促使本区域范围内产业结构和布局的合理配置，实现专业化协作和综合发展相结合的、区域经济一体化的联合体系。上海的发展模式则是扬长避短，取其优势，以金融、贸易、信息、高技术为主线。

借鉴上海与长江三角洲的经验，天津宜及早开展京津冀和环渤海的区域规划，建立能发挥群体综合效益的城镇网络体系，将京津二市的分散优势变为合力优势，带动区域发展的整体优势。

二、发扬名城特色：沪、杭、绍名城历史文脉的继承和发展

上海历史文化名城的特色和历史文脉是"万国性"，是"博览性"，是一种中西合璧、多元并存、兼容并蓄的复合文化。在旧城改建和浦东新城建设中，注意保护和创造名城特色。如南京路、外滩、淮海路等众多街区及沪西高级住宅区等，注意识别和分析各种不同的建筑风格，在改造中努力做到在原有基础上加强而不是削弱或破坏原有的"万国性"与"博览性"。在浦东新区建设中，从建筑单体意识向建筑群体意识转换，着重于总体的分解合成，探求新的时空观念和环境的时空协调。浦东的规划，坚持了大手笔的创作力度，如浦东陆家嘴中心区规划是经过对上海历史与未来，对当今中国与世界的发展作研究比较而创作的。

杭州历史文化名城的特色是湖、城一体，景市合一，"三面云山一面城"。西湖烟波荡漾，水光

激滟，山色空蒙，与市内河网交相辉映，形成一个城市美、自然美与人文美相融合的地域综合体。杭州市于1990年上半年完成《杭州空域规划研究》，对杭州市上百个地块进行了研究。其主要问题是西湖风景区与城区穿插，如在湖滨较近地段建设高层建筑，则破坏西湖风景区。西湖面积很小，仅5.6平方千米，城市高层建筑的尺度越大，西湖空间的尺度感就越小，使西湖感觉上成为一个闭郁而不透气的小空间。杭州采取的规划措施，一是保护自然风景，避免高层建筑物对自然风景的直接破坏。二是城市建筑群的透视体量不超过参加构图的两侧山峦的透视体量。三是用"淡化"的手法来处理某些已建成的高层建筑。四是在旧区改造中选择城区旧街坊中具有一定人文景观的段落，组织好城坊人文景区，将水网大系与城坊水流互相渗透，使城在水中，水流坊内。

绍兴历史文化名城是一座保存较好的水乡城市，历史文化价值很高。其城市特色是水乡风光绚丽如画，在江南独具一格。绍兴城区面积仅7.2平方千米，有条件把这个比较完好的江南水乡城市保护下来作为历史文化的中心。在其相邻处另辟新城，使新旧两部分结成一体。位于现旧城市中心、于20世纪80年代建成的鲁迅广场地面为下沉式，贴近河道水面，正合水乡意蕴，又结合江南民居粉墙黛瓦、廊檐楼窗，色调雅致，沿广场采用廊子式建筑布局，显现出传统的绍兴小镇情态。

天津历史文化名城有自己独特的城市风貌与建筑特色。天津的类型多样、异彩纷呈、具有独自风格的近现代建筑与历史上所处的漕运枢纽、京畿门户和商埠都会的历史地位有关。如何发扬名城历史特色，继往开来，既保护原有历史文脉，又使之现代化，使天津展现新时代的城市风采，是当前天津规划为之努力的方向。

三、小区规划的创新：按里弄式布局的上海康乐小区

上海康乐小区把上海传统的里弄布局与现代居住小区功能融为一体，规划出有新的时代特色的小而精、巧而新的里弄式小区。它的优点是建筑密度高、生活方便、闹中取静、归属性强、邻里交往密切、具有安全感和亲切感。根据行政管理体系和里弄结构的特点，其邻里结构为，将3~4个住宅组（约500~800户）用围墙围成一个封闭的社区，有一个主要入口，设一条支弄把各个住宅组群连成一个完整的群体。由若干个上述区组成居住小区（2000~3000户）。为突出每个社区特点，采用4种不同的规划形式，即（1）多层组团式里弄建筑群；（2）高低组合式里弄建筑群；（3）低层高密度里弄式建筑群；（4）自由式里弄建筑群。

小区有优美环境和独特艺术魅力，有高低错落层次丰富的建筑轮廓，有高雅明快的色彩效果，有运用造景手法而形成的视觉景观，有精心设计的建筑小品美化环境。

天津的小区规划亦有很多创新佳作，可再接再励，再创新意。

四、园林绿化艺术特色：浙江园林绿化规划设计原则

浙江杭、绍等地的园林绿化规划设计遵循以下一些设计原则：

1. 顺乎自然：种植设计，继承民族与地方传统，一般以取其自然为好。杭、绍园林绿化以自然树丛为主，并竭力保护城市水面与山泉。绍光有山有水，"千岩竞秀，万壑争流，草木蒙笼其上，若云兴霞蔚"，景色开朗淡雅，大地植被茂盛。

2. 讲求意境：杭、绍园林绿化将诗情与画意、历史与现实、地方性与典型性集中结合起来，是对某一景点园林绿化的空间、时间、风景特点的最好表达，超脱空间、时间的更高美学境界。

3. 文脉相承：杭、绍恢复了一些历史名园，如杭州郭庄与绍兴沈园等均是从遗址废墟中恢复起来而遵循原历史文脉的建筑园林。这些人文景观，由于经过历史的凝炼而成为与自然山水相认同的人化自然。

4. 会景于道：风景区内与城市绿化地带内规划了与城市园林绿地相结合的园林小道、步行道、水道、自行车道或游戏性骑马道等等。它除了作为各个景区的纽带以外，本身就是风景优美、能供游人盘桓之地。

天津市的园林绿化，已做出突出成绩，应在原成绩基础上更上一层楼。（天津市政府咨询委员会办公室提供）

（原载《决策咨询》1995）

7.国外城市规划的几点主要经验

沈玉麟

国外现代城市规划经历了一个世纪，通过成功和失败过程，总结出一套比较成熟的经验。下面试列举五点主要经验。

一、城市规划的编制从区域规划入手

国外编制城市规划大都从国土、区域及合理分布区域城镇体系等多方面进行综合布局，使全国或区域内的人口与生产力有一个大致的合理布局。以美国为例，全国已基本形成发达的城市网络体系。主要中心城市在全国范围内的分布也大体均衡有序。这些中心城市起着促进区域经济发展的重要作用，多与区域城镇连片成网，形成大中小城镇的完善网络体系，充分发挥城镇各自不同的主要职能。这些中心城市若以500千米为半径作影响圈，就可覆盖美国全部领土的80%以上。

德国莱因-鲁尔是区域城镇体系布局的另一种地域分布类型，即由若干规模相仿的大中城市及其周围城镇所组成的多中心集聚区。这个多中心城市集群延伸在5个行政区内，按职能分区可分成8个大城市区域，有20座城市，共1000万人口。其主要城市有波恩、科隆、杜塞尔多夫和埃森等。其中最大的城市科隆人口80万左右，其他城市人口自20万至60万不等。各城市功能各有所专，在经济与社会联系上起到互补互利的作用。这种"多中心型"城市集聚区比单一中心的城市区域优越，由于城市规模不大，城市生态环境较好，各工业点与城镇群均可掩映于广袤的绿色自然环境之中。

二、务实、求新的城市规划方法论

在城市规划方法论方面，否定了把城市规划看作终极状态的理想蓝图，而是将城市的成长与发展视作一种持续不断的动态过程。规划的着力点是城市发展战略的研究、规划目标的研究论证和规划政策的制订等。一些国家编制的"结构规划"是一种粗线条的城市总体规划，主要是组织好各种主要规划要素和协调好城市发展战略中诸多矛盾方面的相互关系。规划的编制除满足市场发展要求，做好"效率规划"外，要求完善"公平规划"，以保护非决策者即广大人民群众的共同利益，使市场性合理化与社会性合理化取得协调一致。在国外，实施"公平规划"是一个社会实现整合，得以稳定、和谐、持续地存在和发展的必要手段。

务实、求新的城市规划方法论要求在新技术革命的驱动下，运用现代科学方法论。如系统方法论的应用，研究对象的整体性、相关性、结构性、层次性、动态性和目的性，并运用数学、概率论、数理统计、运筹学等工具及电子计算机等来研究探索事物发展的整体规律，并进行各种社会经济和城市建设的发展预测和模拟，对建议方案进行定性和定量的分析和优化。

三、完善中心城市的职能以带动区域经济的发展

中心城市的龙头和"引擎"作用，推动着整个区域和周围中小城镇经济稳定、持续、协调地发展。国外中心城市的主要经济职能以第三产业为主，集中于智能、信息、流通、服务等几个领域，有高度经济效益和极为广阔的国际国内市场辐射面。中心城市外围的中小城镇起着依托和辅佐中心城市的职能，其中有的可较多地担负一些第二产业的生产职能。在中心城市与外围中小城镇之间的广阔空间是第一产业及围绕或楔入中心城市的宽广森林绿化防护带。

以美国原钢都匹茨堡为例，为使这个原以钢铁等第二产业为主的中心城市适应信息时代经济与社会发展的需要，市内全部钢厂都已拆除。改造后的市区以第三产业与高技术企业为主，市区面貌呈现出一片繁荣美丽的山城景象。

四、优化城市物质环境——城市土地使用的集约化、城市交通的轨道化、城市环境生态的优化

（一）城市土地使用的集约化

这里试举城市中心商务区（CBD）与大城市中心地区开发地下空间两例说明城市土地的集约使用。

美国芝加哥中心商务区位于市中心黄金地段，用地面积仅2.6平方千米，上班人口为100万人。纽约有两个中心商务区。以华尔街为核心的下曼哈顿，面积仅0.8平方千米，上班人口55万人，另一个是以42街第五大道为中心的中城区，核心面积仅2.6平方千米，上班人口110万人。以上各中心商务区的区内交往均可步行通达，其与区外联系均有密布的地铁网络和城市快速道路，解决了大城市中心用地紧张的矛盾，达到了中心区土地使用的高质量、高效率。

在大城市中心地区开发地下空间，实现地上与地下空间的立体化开发，可以在有限的土地上扩大土地使用面积和提高中心区环境质量，如日本东京大阪等车站地区地下街市的开发、瑞典斯德哥尔摩中心区地下商业空间的开辟、巴黎阿莱广场地下空间的开发等，均为节约城市土地做出了贡献。

（二）城市交通的轨道化

国外大城市为缓解城市大运量交通，采用快速轨道交通，即地铁与轻轨，其无可比拟的优点是运量大、速度快、运送准时、无污染。巴黎地铁的车行间隔时间仅为59秒。伦敦地铁以线路长、车行间隔短及与各郊区城镇均可连通著称。日本东京地铁顺利解决了高峰时间的上下班通勤问题。轻轨交通适用于单向高峰，小时客运量达到1万~2万人次时，可在地面架空和地下行驶，与地面交通可完全分

离或部分分隔。澳大利亚悉尼用架空轨道交通在市内环状运行。

（三）城市环境生态的优化

国外城市生态环境的研究已从保护环境战略发展为与环境共生战略，即将人类生活的空间与自然界共存和共同发展。其目标是探求一种人类空间与经济活动适应生态环境优化的理想模式，组成一个新的、高层次的、人类向往回归自然的"人与环境系统"。国外较多采用的"节点—走廊城市地带"模式是从区域环境生态的角度出发，为满足外向型经济和社会流通领域发展的要求而制定的一种布局方式。其基本思想是沿中心城市之间形成交通走廊，以线性的模式发展城市，形成一个串珠式的城市地带。城市与城市之间保留大片绿色空间，形成一个良好的生态环境系统，同时又将走廊与节点组成的网络之间的大片绿色空间保留下来，保持其原有的自然面貌，与走廊地带一起组成一个人与自然共生的生态系统。

五、塑造城市文化环境——城市历史遗产的保护

城市是一种历史文化现象，每个时代都在城市中留下自己的痕迹。保护历史的连续性，保存城市的记忆，是人类现代文明发展的需要。为塑造城市历史文化环境，保护好城市历史遗产，已成为当今世界性的潮流。国外对古城、古遗址、古建筑、古文物的保护，已扩大到对整个古城的保护，对拥有古建筑较多的有价值的历史地段或街区的成片保护，以及对乡土建筑、村落及自然景观、山川树木的保护。对具有浓郁地方民俗特色的乡土环境和民间文化也都进行了保护。其发展趋势是社会越发展，现代文明程度越高，保护历史文化遗产的工作就显得越重要。

（原载《城市》1995.4）

8. 也谈职业道德问题
——沈玉麟致金经元教授的一封信

沈玉麟

经元先生：

您好！时在念中。

拜读了您为《城市规划》杂志1995年第4期撰写的"城市规划师的两种指导思想和规划师的品德"一文，十分高兴。

我过去也读到过一些其他关于这个话题的文字，但是，一般都是在文章中三言两语，一带而过，很少以此为主题。您的这篇文章可以说是我读过的唯一一篇专门论述规划师品德的文章，从这个角度看，我认为这篇文章有其独特性。它的重要价值突出表现在它的针对性，它指出了某些规划工作者身上存在的一种不良倾向，即忽视职业道德的现象，这个问题在规划界比起土木、机电、水利、化工等领域更为突出。

在我们的城市规划行业，如果仅仅是为了钱而规划，可以潦草地解决问题，是不用费多大工夫的。而当今很多规划方案往往都是听从领导、听从投资商、提笔画画而已。这种规划我看得多了，有时候不免发牢骚"规划学科最没有学问"，实际上我的意思不是说规划本身"没有学问"，而是"大有学问"。但当你看到那些不费劲的"瞎规划"时，却不得不让你生气地说"没有学问"，或者是不便说评审中的规划方案"没有学问"时，只好笼统地发牢骚、出出气。

当然我不能就此说全国规划界都如此，但是在实际生活中，确实碰到不少类似的情况。比如，有的非规划专业单位也接受了规划任务。这有几个方面的原因，一是规划设计有时可以不受执照限制，通常的做法是由某个城市的规划设计院与之合作，这些规划院大多具有乙级开业执照；二是这些城市大多是中小城市，规划设计力量比较缺乏，不管该单位做的规划质量如何，当地政府一般都能通过；三是可以不去做现状调查与分析研究，只要按照领导的意图，画画图就可以交卷了；四是规划的范围一般较大，相应地收费较多。

现在规划界从业人员在业务上两极分化得很厉害，有的同志相当不错，基础扎实，天资聪颖，也很努力；但有的同志虽说做了不少工作，因听从领导、听从投资商，图画得很多，但业务收获不大，这影响了正常的学习和深造。在我参加过的方案评审中就遇到过这样的例子，某个规划区1平方千米左右的详细规划，由一位刚从大学建筑系毕业的同志负责，其水平不客气地讲，相当于大学三年级学生的第一次草图。而这位规划师所代表的单位却是有名的某特大城市的设计院，可见该院的总工或主任工程师都没有参与改图。由此可见，该院任务太多，照顾不过来了。因为是规划，瞎做也没什么了不起，一是规划方案本身就不知道哪一天才实现，二是如何实现规划比较"模糊"，不像建筑设计，一看就明白。甲方做规划也只是为了可以把当年或次年要盖的房子有个落位地段，以后如何建设，是不受规划限制的。所以，业务上的滑坡，建筑界以规划行业最甚。

另一个值得注意的倾向是现在不少单位政治思想工作薄弱，这是一个危险的信号。我以为现在规划界确有业务方面的问题，但是更加值得注意的是政治思想、职业道德和个人品德方面的问题。先生是《城市规划》杂志的编委，可以多写一些提倡职业道德方面的文章，我也希望舆论界对这个话题进行讨论。

祝好！

沈玉麟

1995年8月1日

（原载《城市规划》1996.2）

9. 希腊古风时期古典时期的城市

沈玉麟

荷马时代以后，公元前8至6世纪，是古希腊生产力迅速发展的时期，也是社会经济制度剧烈变化和文化艺术繁荣的时期。公元前594年梭伦变法，禁止雅典人变成奴隶，赋予平民参加政治、军事活动更大的权力，提倡发展农田水利，种植橄榄葡萄，发展手工业，鼓励外地工匠移居雅典。发展商品生产和对外贸易，保证了工商业经济迅速发展。古代希腊文化是在直接受古代东方文化影响的情况下发展起来的，但由于没有特权的僧侣阶层，文化艺术科学的发展较少受到阻碍。古典时期伟大哲学家亚里士多德所著《政治篇》（《政治学》）探讨了城邦的社会、人口、家庭、伦理、贸易、宗教组织、边防等问题。他的名著实际上是西方城市理论研究的开端。柏拉图的名篇《乌托邦》（《理想国》）表达了人类对理想城市的设计，给人类留下了丰富的历史遗产，为世界文明宝库增添了光辉。

希腊工商业奴隶主在经济实践活动中认识了许多新事物，也接受了古代东方国家某些数学、天文等方面的知识，推动他们进一步认识周围的物质世界。平民在反对奴隶主贵族的斗争中以原始的唯物主义世界观，同代表传统保守势力的奴隶主贵族的唯心主义世界观作了艰巨的斗争。希腊的朴素唯物论和朴素的、先进的奴隶制民主政治，以及发达的科学技术，促进了希腊城市建设的发展。

一、圣地建筑群与卫城

在共和制城邦里，受崇拜的守护神及民间的自然神的圣地发展了起来。有一些圣地的重要性超过了旧的卫城。它们不同于以防御为主的卫城。在圣地里，定期举行节庆（活动），人们从各地汇集，举行体育、戏剧、诗歌、演说等比赛。节日里商贩云集，圣地周围也建起了竞技场、旅舍、会堂、敞廊等公共建筑。在圣地中心，建立起神庙。圣地建筑群突破了旧式卫城的格局，它是公众欢聚的场所，是公众活动的中心。

各地圣地建筑群，由于利用各种复杂地形和自然景观，构成活泼多姿的建筑群空间构图。圣地中心的神庙在构图上统率全局，它们既照顾远处观赏的外部形象，又照顾到内部各个位置的观赏。德尔斐（Delphi）的阿波罗（Apollo）圣地（图2-1）与奥林比亚（Olympia）圣地（图2-2）是这类圣地的代表。

回顾先前的氏族制时代，希腊的政治、军事和宗教中心是卫城。卫城位于城内高地或山顶，并被视为神圣地段。在贵族寡头专政的城邦里，神庙及其他建筑的规划构图，同自然环境不相协调，无生气感，帕埃斯图姆（Paestum）的卫城就是如此。

第二篇 他山之石，可以攻玉

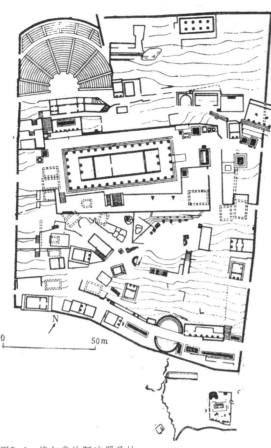

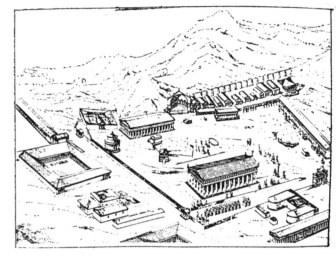

图2-1 德尔斐的阿波罗圣地 图2-2 德尔斐的奥林比亚圣地

　　圣地建筑群与卫城两种建筑群布局的不同，反映着贵族文化和平民文化的对立。由于共和制城邦比贵族专制的城邦进步，终于创造了以自由的，与居住环境和谐协调的古典时期雅典卫城建筑群。

二、古典时期的雅典与雅典卫城

雅典

　　希波战争以后，希腊城邦奴隶制经济进入全盛期。手工业、商业、航海业高度发展。科学文化的进步和民主思想的抬头，自由民、城市平民的地位的提高，使城镇建设从只考虑帝王和神灵转向为整个城镇团体服务。在城镇形态上也有所变化，如雅典，作为全希腊的盟主，进行了大规模的建设。目标是把它建成一个宗教文化中心，并纪念希波战争的胜利，使原来是一个破落不堪的小城市，变成拥有许多重要建筑物的城市。

　　雅典（图2-3）在公元前5世纪的全盛时期，人口未超过10万人。由于水源和食物供应的困难，古希腊城市很少有超过1万人口的。中等城市的人口则通常为5000～7000人。

　　雅典与希腊其他城市一样，在希波战争前，未建造城墙。希波战争后修建了雅典与距雅典8千米的滨海庇拉伊斯城（Piraeus）的城墙，以及修建了从雅典至庇拉伊斯公路两边的城墙。在其南法勒伦（Phaleron）又修建了一道城墙（图2-4）。这样，就完成了从雅典至海滨的完整防御体系。

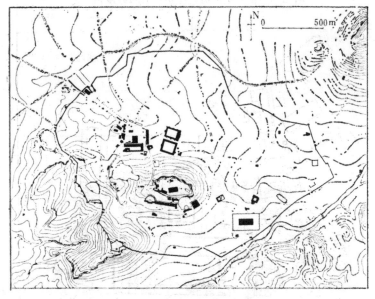

图2-3 雅典平面

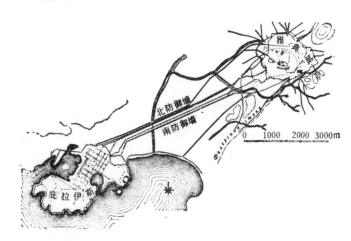

图2-4 雅典至庇拉伊斯城的防御体系

　　雅典背山面海，城市布局不规则，无轴线关系。城市的中心是卫城，最早的居民点形成于卫城山脚下。城市发展到卫城西北角形成城市广场（Agora）（图2-5），最后形成整个城市。与其他早期希腊城市一样，广场无定形，建筑群排列无定制，广场的庙宇、雕像、喷泉或作坊或临时性的商贩摊棚自发地、因地制宜地、不规则地布置于广场侧面或其中。广场是群众集聚的中心，有司法、行政、商业、工业、宗教、文娱交往等社会功能。

　　雅典中心广场上有一个敞廊，面阔46.55米，进深两间、18米，这是公布法令的地方。城市街道曲折狭窄，结合地形自发形成。一般小巷仅能供一人牵一驴或一人背一筐行走。街道的无系统、无方向性，有利于巷战阻敌。道路无铺装，卫生条件差。

　　雅典全盛时期进行了大规模的建设。建筑类型甚为丰富，有元老院议事厅、剧场、俱乐部、画廊、旅店、商场、作坊、船埠、体育场等。剧场位于山坡，利用山地半圆形凹地进行建设，既节约土方，又有利于保持良好的音质效果。体育场的建设亦充分利用合适地形。

　　为强调给公民平等的居住条件，以方格网划分街坊。居住街坊面积小，贫富住户混居同一街区。

仅用地大小与住宅质量有所区别，临街巷的住宅，在外观上区别不大。

古典盛期的作家狄开阿克（Dicaearchus）描写雅典，满是尘土而十分缺水。大多数住区肮脏、破败、阴暗。

雅典卫城

雅典卫城（图2-6、图2-7）在希波战争中全部被毁。战争胜利后，重新建造（公元前448—前406年），为时40年，是当时宗教的圣地和公共活动的场所，同时也是雅典极盛时期的纪念碑。

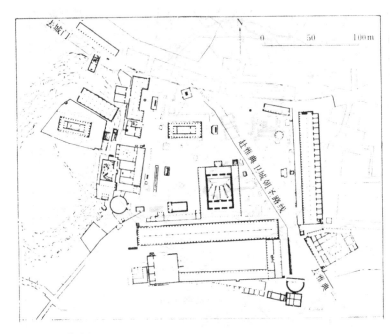

图2-5　雅典广场

雅典卫城在城内的一个陡峭的高于平地70～80米的山顶上，用乱石在四周砌挡土墙形成大平台。平台东西长约280米，南北最宽处为130米。山势险要。只有一个上下孔道。

卫城发展了民间圣地建筑群自由活泼的布局方式。建筑物的安排顺应地势，同时照顾山上山下的观赏。

雅典卫城的建筑是三向量的实体。卫城的建筑布局不是刻板的简单轴线关系，而是经过人们长时期的步行观察思考和实践的结果。卫城的各个建筑物处于空间的关键位置上，如同一系列有目的的雕塑。从卫城内可以看到周围山峦的秀丽景色。它既考虑到置身其中的美，又考虑到从城下四周仰望时的美。其视觉观赏均是按照祭祀雅典娜大典的行进过程来设计的，即在山下绕卫城一周，上山后又穿过它的全部。它使游行的行列在每一段路程中都可以看到不同的优美的建筑景象。为了照顾山下的游

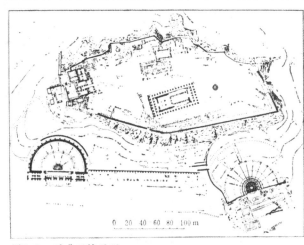

图2-6　雅典卫城平面

图2-7　雅典卫城透视

行行列的观瞻，建筑物大体上沿周边布置，为照顾山上的观瞻，利用地形把最好的观赏角度朝向人们。

游行队伍进入卫城大门之后，迎面是一尊高达10米的金光闪烁持长矛的雅典娜青铜像。这个雕像丰富了卫城的景色，并统一了分散在周边的建筑群。绕过雕像，地势越走越高，右边是宏伟端庄的帕提农（Parthenon）神庙，体现了雅典人的智慧和力量。向左边可以看到在白色大理石墙衬托下秀丽的伊瑞克

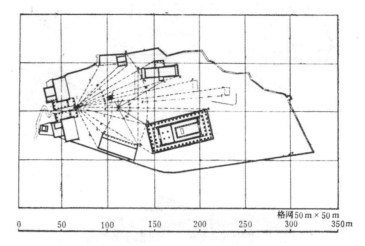

图2-8　多加底斯对雅典卫城的分析

提翁（Erechtheon）神庙女像柱廊。其装饰性强于纪念性，起着与帕提农神庙对立统一的构图作用。

为体现城市为平民服务，在卫城南坡有平民活动中心、露天剧场和竞技场等。

1940年希腊多加底斯（Doxiadis）分析雅典卫城（图2-8），发现其中建筑布置、入口与各部分的角度都有一定关系，并证明它合乎庇撒格拉斯（Pythagoras）（毕达哥拉斯）的数学分析。

雅典卫城是古希腊文化珍宝之一。它出色地体现了希腊民主政治的进步，平民对现实生活的讴歌，和城邦对自己的力量的信心。

三、希波丹姆规划形式与米利都城

希波战争前，希腊城市大多为自发形成的。道路系统、广场空间、街道形状均不规则。

许多城市的外部空间以一系列"L"形空间叠合组成（图2-9），造型变化多姿。公元前5世纪的规划建筑师希波丹姆（Hippodamus）于希波战争后在大规模的建设活动中采用了一种几何形状的、以棋盘式路网为城市骨架的规划结构形式。这种规划结构形式虽在公元前2000多年前古埃及卡洪城、美索不达米亚的许多城市，以及印度古城莫亨约-达罗等城市中早已有所应用，但希波丹姆是最早地把这种规划形式在理论上予以阐述，并大规模地在重建希波战争后被毁的城市中予以实践的。在此之前，古希腊城市建设，没有统一规划，路网不规则，多为自发形成。自希波丹姆以后，他的规划形式便成为一种主要典范。

希波丹姆遵循古希腊哲理，探求几何和数的和谐，以取得秩序和美。城市典型平面为两条垂直大街从城市中心通过。中心大街的一侧布置中心广场，中心广场占有一个或一个以上的街坊。街坊面积一般较小。

希波丹姆根据古希腊社会体制、宗教与城市公共生活要求，把城市分为3个主要部分：圣地、主要公共建筑区、私宅地段。私宅地段划分为3种住区：工匠住区、农民住区、城邦卫士与公职人员住区。

希波丹姆的规划形式在他本人的实践中有所体现：公元前475年左右希波丹姆主持米利都（Miletus）城的重建工作。公元前446年左右希波丹姆规划建设了拱卫雅典的城郊滨海口岸庇拉伊斯。公元前443年希波丹姆从事建设塞利伊城（位于今意大利）。

自公元前5世纪以后，古希腊城市大都按希波丹姆规划形式进行建设，特别是其后希腊化时期地中海沿岸的古希腊殖民城市，其中最有代表性的是建于公元前4世纪至公元前3世纪的普南城（Priene）。

米利都城

希波丹姆在历史上被誉为"城市规划之父"。他的规划思想，在米利都城（图2-10）建设工作中完整地得到体现。米利都城三面临海，四周筑城墙，城市路网采用棋盘式。两条主要垂直大街从城市中心通过。中心开敞式空间呈"L"形，有多个广场。市场及城市中心位于三个港湾的附近，将城市分为南北两个部分。北部街坊面积较小，南部街坊面积较大。最大街坊的尺寸亦仅30米×52米。

城市中心（图2-11）划分为4个功能区。其东北及西南为宗教区，其北与南为商业区，其东南为主要公共建筑区。城市用地的选择适合于港口运输与商业贸易要求。城市南北两个广场呈现一种前所未有的崭新的面貌，是一个规整的长方形。周围有敞廊，至少有3个周边设置商店用房。

图2-9 古希腊城市外部空间以一系列"L"形空间叠合组成

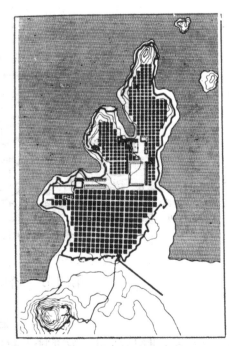

图2-10 米利都城平面

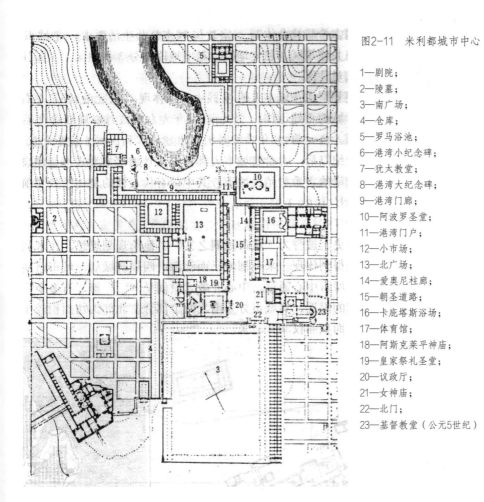

图2-11　米利都城市中心

1—剧院；

2—陵墓；

3—南广场；

4—仓库；

5—罗马浴池；

6—港湾小纪念碑；

7—犹太教堂；

8—港湾大纪念碑；

9—港湾门廊；

10—阿波罗圣堂；

11—港湾门户；

12—小市场；

13—北广场；

14—爱奥尼柱廊；

15—朝圣道路；

16—卡庇塔斯浴场；

17—体育馆；

18—阿斯克莱平神庙；

19—皇家祭礼圣堂；

20—议政厅；

21—女神庙；

22—北门；

23—基督教堂（公元5世纪）

（原载《外国城市建设史》，中国建筑工业出版社，1989年）

第二篇　他山之石，可以攻玉

10. 希腊化时期的城市建设

沈玉麟

一、城市建设概况

公元前4世纪后半叶,奴隶制经济的发展突破了城邦的狭隘性。马其顿统一了希腊,随后建立了版图包括希腊、小亚细亚、埃及、叙利亚、两河流域和波斯大帝国的国家。这个时期叫作希腊化时期（Hellenistic Period）。由于东方古国的经济与文化同希腊的经济、文化交汇在一起,手工业、商业和文化达到比希腊古典时期更高的水平。因此城市的规划与建设也有很大的发展。

希腊化时期的城市大多按希波丹姆规划系统进行规划建设。这种布局规整、模式统一的规划在当时殖民城市建设量大、规划力量不足的情况下被广泛采用。对一些主要为外国商人及水手居留的港口城市,有易于辨认路径与方向性强的种种优点,故希腊古典时期离雅典城8千米远的海港口岸庇拉伊斯也是按照希波丹姆规划系统进行建设的。

希腊化时期城市建设的主要特征是与广场规整、划一。从城市功能分区、道路系统、邻里住区的划分,一直到市中心与广场的规划布局都是严格按几何和数的规律进行规划设计的。

希腊化时期卫城和庙宇已不再是城市的中心。新的城市中心是喧嚣的广场。广场的周围有商店、议事厅和杂耍场等。广场往往在两条主要道路的交叉点上。在海滨城市里,它靠近船埠,以利贸易。

城市广场普遍设置敞廊,沿一面或几面。开间一致,形象完整。例如阿索斯（Assos）城的中心广场（图2-12）,平面为梯形,是一个两侧有大尺度敞廊的广场,敞廊高两层。

这些敞廊用于商业活动。有时中央用一排柱子把它隔为两进,后进设单间的店铺。有的敞廊墙面饰以壁画或铭文,记录战争的胜利、帝皇的授赏、城市的法律条文或哲学家的格言。这种市中心敞廊有时与相接的街旁柱廊形成长距离的柱廊序列。街旁柱廊或房屋檐口高度一致,形成气势壮阔的轴线布局与透视景象,这在希腊前期是未曾采用的。希腊前期街道一般宽约4米。至希腊化时期的亚历山大城的主要街道卡诺匹克大街,宽约33米。这时房屋已普遍达到二三层高。前期希腊城市主体建筑须位于城山之巅或城市高处,以突出其高大形象,而希腊化时期的城市主体建筑可以在平地上以其本身的建筑体系与高度突出自己。

希腊化时期城市供水来自附近山巅的蓄水供应,有的城市有原始的下水道。城市有绿化种植和花园。城市环境卫生条件较希腊前期为好。

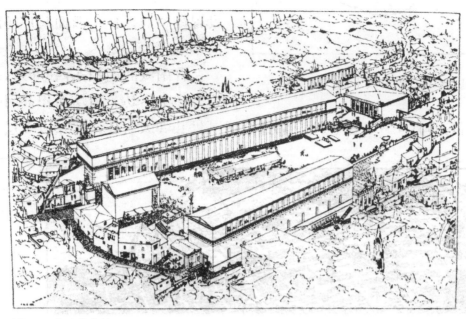

图2-12 阿索斯广场

二、希腊化时期的城市

普南城

普南城（图2-13、图2-14）始建于公元前6世纪，于公元前4世纪亚历山大执政时进行了彻底重建。

城市背山面水，位于向阳的陡岩脚下。建城最初，以城上底米特神庙为基础，顺地势往下发展并与地形配合，建起自上而下蜿蜒的城墙。城墙2.1米厚，设有塔楼。

城市面积甚小，仅为古罗马庞贝城的1/3，建于4个不同高程的宽阔台地上。从城市岩顶至南麓竞技场、体育馆高差97.5米。第一层台地最高，是底米特神庙。第二层是雅典娜波利亚斯神庙。第三层为市场、鱼市场及会堂。第四层最低，建有竞技场、体育馆。

城市按希波丹姆规划形式进行建设，顺等高线有7条7.5米宽的东西向街道，与之垂直相交的有15条3~4米宽的南北向台阶式步行街。市中心广场居城市显要位置，占道路交叉处中心地带的

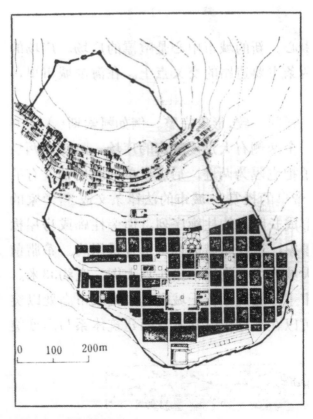

图2-13 普南城平面

0 100 200m

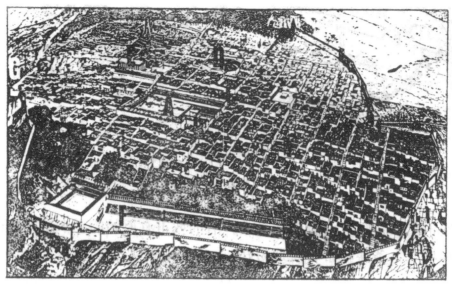

图2-14 普南城鸟瞰
A—市中心广场；B—宙斯神庙；C—体育馆；D—剧场；E—雅典娜神庙；F—竞技场；
G—城市主要入口

两个整街坊与局部其他地段。广场（图2-15）面积与城市公共活动的要求相适应，是商业、贸易与政治活动的中心。广场东、西、南三面均有敞廊。廊后为店铺与庙宇。广场北面是125米的主敞廊（图2-16）。广场上设置雕塑群，位于西面与广场隔开的是鱼肉市场。

普南城东西600米，南北300米。约有80个街坊。街坊面积甚小，每块仅47米×35米。每个街坊约有4～5座住屋，估计全城可供4000人居住。居屋以2层楼房为多，一般没有庭院。

希波丹姆规划系统，在古希腊长期实践过程中，有所发展，这就是从米利都城单纯的棋盘式街道，发展到塞里纳斯（Selinus）城（图2-17）的有显著的城市轴线，更进而到普南城的道路与建筑之有计划的配合。多加底斯也曾对普南城加以分析，研究它的角度、位置、视点等的关系，经过几何和数学分析，证实这些城市在规划时曾有一定的思想和意图。

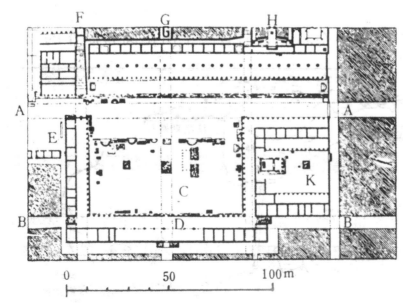

图 2-15 普南广场

A-A—横贯城市的主要东西街道；
B-B—横贯广场南部有级梯登上广场街道；
C—市中心广场；
D—柱廊大厅；
E—鱼肉市场；
F—上坡人行梯道；
G—北敞廊；
H—议政厅；
K—宙斯神庙

图2-16 普南广场主敞廊

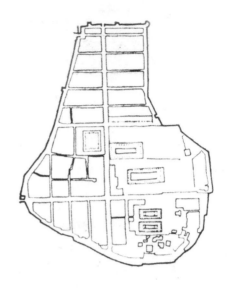

图2-17 塞里纳斯城

亚历山大城

亚历山大城（图2-18）是马其顿亚历山大远征东方时，于公元前332年在埃及北部，濒地中海南岸创建的。它是古代世界最大最美的城市，是当时地中海的经济贸易文化艺术中心，是地中海与东方各国进行各方面交流的中心。

亚历山大城有一个较完整的路网，骑马和乘车都很方便。最阔的街道2条，每条有33米，彼此交错成直角。城中有最壮丽的庙宇和王宫。宫殿占全城面积的1/4至1/3。王宫的一部分包括有名的亚历山大博物园、图书馆、动植物园、研究院、集会的厅堂，以及游览的场所等。图书馆藏书达70万卷，这是自亚述设王室书库以来，古代最大的藏书机构。当时古希腊科学家如欧几里得、阿基米德等都到达亚历山大。亚历山大城在文化上的功绩，超过古希腊其他任何城邦。

亚历山大城法洛斯岛上的灯塔，建于公元275年，古罗马占领时期。这是世界上最早的灯塔，相传塔高约122米，塔基由耐海水腐蚀的玻璃块填充，隙间灌以溶化铅水。塔顶有一个巨大火盆，火焰终年不息，其后有一个用花岗石制作的反光镜。

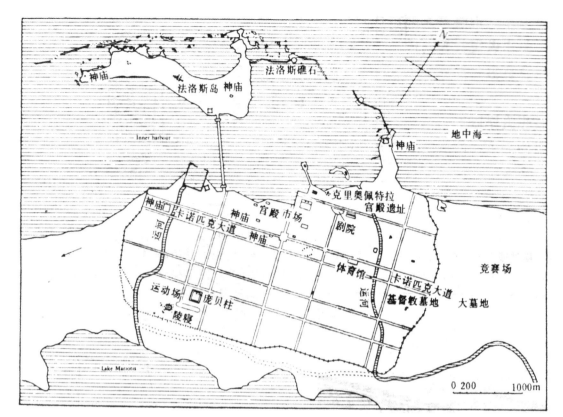

图2-18　亚历山大城

（原载《外国城市建设史》，中国建筑工业出版社，1989年）

11. 古罗马的城市

沈玉麟

一、古罗马历史背景与建设概况

古罗马时代是西方奴隶制发展的最高阶段。罗马人依仗着巨量的财富和奴隶、卓越的营造技术和性能很好的材料、希腊与东方各国的建筑形制和造型方法，并结合自己的传统创造出罗马独有的建筑与城市建设风格。

在城市建设上，罗马人不像希腊人那样善于利用地形，而是强力地改造地形，这是罗马能使用大量奴隶劳动的缘故。

古罗马的地理位置最初在意大利境内。随着国势的强大，领土日益扩大。到罗马帝国时代，版图已扩大到欧亚非三洲。图拉真皇帝执政时期（公元98—117年），人口达到1亿以上（罗马帝国本土意大利人1800万左右）。当时罗马城市之多、之大，在世界古代文明中是罕见的。整个帝国的版图上城市数以千计，仅就西班牙一省来说，重要的城市就有400座，次要的城市也有293座。当时中小城市都有几万人口。大城市人口可达几十万或近百万。稠密的海陆商业贸易网维系着帝国的经济生活。物资流动大多是由市场商品经济及自由贸易机制维系。帝国各地密如蛛网的公路运输系统、巨额金银的开采、巨量奴隶劳动，以及《万民法》为发展经济提供了物质和法律的保证。

古罗马的历史大致可分为3个时期，即伊达拉里亚（Etruria）时期（公元前750年至公元前300年）、罗马共和国时期（公元前510至公元前30年）和罗马帝国时期（公元前30年至公元476年）。从公元395年开始，罗马帝国分裂为东西两部分。东罗马帝国建都于君士坦丁堡。西罗马帝国建都于罗马城。分裂以后的罗马已经不可能维持国家的统一，西罗马帝国于公元476年灭亡。东罗马则发展为封建制的拜占庭帝国。

古罗马的历史可上溯到公元前8世纪伊达拉里亚统治拉丁姆平原。它是古罗马最早的有文化的民族。它曾经和埃及、腓尼基、希腊文化相结合，形成罗马文化的萌芽。他们在建筑技术上有一定成就，用石头建造城墙、庙宇和墓穴。

罗马共和国在最后100年中，由于国家的统一、领土的扩张、财富的集中，城市建设得到很大的发展。建设的项目首先是军事与运输所需要的道路、桥梁、城墙等。其次是为奴隶主的肉欲及日常享乐所建的剧场、浴室、输水道、府邸等，以及广场、船港、交易所兼法庭的巴西利卡（Basilica）等。城市住宅投机已盛行，而神庙已退居次要地位。

罗马帝国时期，国家的建设更趋繁荣。除继续建造剧场、斗兽场、浴场以外，为皇帝们营造宣扬帝功的纪念物，如广场、凯旋门、纪功柱、陵墓等，建造了皇帝的宫殿，如帕拉丁（Palatine）山上和其他地方极其豪华的宫殿。这时候罗马城里建造了大量出租的公寓。罗马极盛时期人口达100万。

大多数皇帝滥行建设，为个人树碑立传。公元1世纪罗马帝国奥古斯都皇帝夸耀说，他得的是砖造的罗马，留下的是大理石的罗马。

罗马国家的所有城市都建有极其众多的公共设施。自由民的城邦爱国主义精神就是从这些公共活动中产生的。他们在这里选自己的执政官，进行各种政治纲领的辩论。城市的公共生活铸造了罗马精神，形成了自由民生活的精神支柱。

这种罗马公民的城邦爱国主义精神及宗教上的神人同形思想信仰，是从古代希腊城邦形成的文化中继承下来的。

奥古斯都的御用建筑师维特鲁威（Vitruvius）于公元1世纪末写了一本建筑论文集，即《建筑十书》，这是全世界遗留至今的第一部最完备的和最有影响的建筑学与城市规划珍贵书籍。

二、伊达拉里亚时期的城市建设

早期的城市不同于希波战争以前的希腊先建城市、后建城墙，而是先筑城墙，以一种统一的模式修筑城市。在城市建设上有两点较为明显：一是早期伊达拉里亚城市，均建于山岩或高地之上；二是以宗教思想为指导，城市地区的划分极为明显。城市规划遵循城市奠基仪式所规定的条例，要求城市有一个规则的平面布局。城市的奠基仪式规定四个建设阶段，即（1）选址；（2）划分地区，地区再分地块；（3）确定街道走向；（4）城市奠基仪式。在划分地区、地区再分地块的阶段，规划师企图在规划的土地上反映天体模式。主轴代表世界轴线，地区分块反映宇宙模式，而分块的居住区代表了人对世界的认识。

罗马古作家伐尔（Vahl）曾写过一本书叙述伊达拉里亚人民如何建设城市。据说，当时是由宗教方面的长老在建城基地上以牛牵犁划出一个圆圈作为城市花园，并由此把城市划分成四个部分。南北向道路称为Cardo，东西向道路称为Decumanus，在二者相交处建神庙。罗马城内七丘之一的帕拉丢姆（Palatium）为古代伊达拉里亚的居住区。

今天已被发现的一座伊达拉里亚早期城市是在马尔扎波多（Malzabato）附近。它建于公元前6至5世纪，城市路网是方格形的，大多数街道是东西向的，有一条15米宽的干道南北贯穿全城。这条干道两边有略高出路面的人行道，有一些地方有几块高出中央路面的石头连接左右人行道，以方便行人在雨天过街。路边有明沟，雨水通过它流入暗沟而排出城外。

城市街坊是方格形的。街坊内是个大院子。周围密排着住房。临街有商店和作坊。

三、罗马共和国时期的城市建设

罗马营寨城

公元前3世纪至公元前1世纪，罗马人几乎征服了全部地中海沿岸。公元前275年占领地中海沿岸的派拉斯（Pyrrhus）营地，并把它作为城堡的模式，于是就形成了古罗马营寨城设计的原型。这种营寨城的模式（图2-19）有方正的城墙。城市平面为正方形，朝向罗盘的基本方位。中间的十字交叉道路通向方城的东南西北4门。在道路交叉处建神庙。营寨城的外形已不复是圆形而改用方形，因这时已不用选高地为城址。

今日欧洲有120~130个城市是从罗马营寨城发展起来的（图2-20），有些城市还可看见它原来面貌。其中最典型的营寨城市当推建于公元100年，即罗马帝国时期的北非城市提姆加德（Timgad）。此城建后150年被北非风沙淹没，直到近代才被发掘，故完整地保存了当时的风貌。

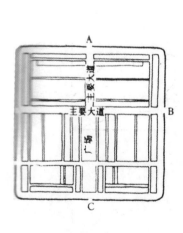

图2-19　罗马营寨城

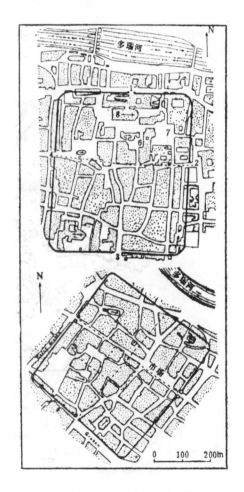

图2-20　沿多瑙河的两个罗马营寨城
（位于今拉蒂斯本与维也纳）

共和国时期的古罗马城与罗马共和广场

据传，古罗马城的建城奠基日是公元前753年。这个城市（图2-21）是在一个较长时间里自发形成的。它没有一个统一合理的规划。共和国时期，罗马城市仍是自然发展的，布局比较紊乱。但是市中心（图2-22）的建设有着光辉的成就。这个古城由著名的罗马七丘组成，其中帕拉丢姆为七丘之心，规模约300米×300米，向西北倾斜。山顶有自然的蓄水池，供应全城用水，四周有墙以资保护。古罗马城在公元前4世纪筑起了城墙，城市保留有空地，作为被敌人包围时的粮食供应地。城市中心广场在帕拉丢姆以北，后来在这里逐步形成广场群，即著称于世的共和广场（Republican Forum）（公元前504至公元前27年）和建于帝国时期的帝国广场（Imperial Forum）（公元前27至公元476年）（图2-23）。

共和国时期的罗马共和广场（图2-24）是由广场群组成的，是城市社会、政治和经济活动的中心，周围的房屋比较散乱。广场为市民聚欢的公共活动性质比较强烈，很像希腊化时期的城市广场。共和国时期的广场建筑物彼此在形式上与整体不甚协调，其建筑群体现了政治军事权力的逐步增长。每一建筑群都比以前的规模更大。这些建筑群组成了古罗马的城市空间。其中罗努姆广场（Forum Romanum）全部用大理石造成，大体呈梯形，完全开放，在它的四周有巴西利卡、庙宇和经济活动的房屋，它是一个公众活动的场所。它的南面是恺撒广场，建于公元前54年至46年，从共和国向帝国的转变时期。广场规模为160米×75米。这个广场仍保留了一些公共性质，两侧有敞廊，廊后是经营高利贷的银钱业铺面。广场深处是恺撒家族的保护神维涅尔（Vener）神庙。庙前立着恺撒的骑马铜像。这个广场比以前建造的广场，较为封闭，且是轴线对称。共和国时期的城市广场有很丰富的雕像装饰。这些雕像大都是在战争中掠夺来的，安置在广场的边沿。

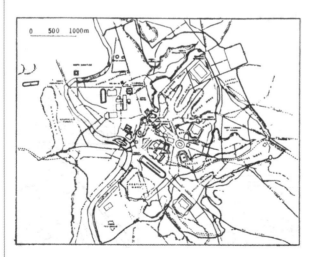

图2-21　罗马城平面

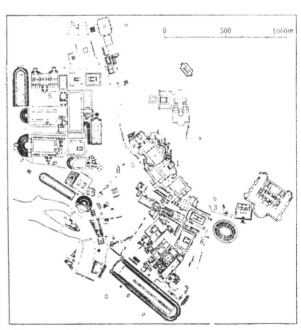

图2-22　罗马市中心
1—奥古斯都广场；2—替度斯凯旋门；3—斗兽场；
4—图拉真广场；5—万神庙；6—君士坦丁凯旋门

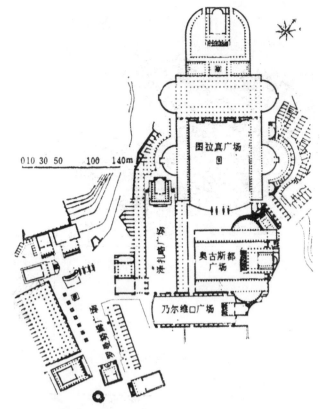

图2-23 罗马共和广场和帝国广场平面

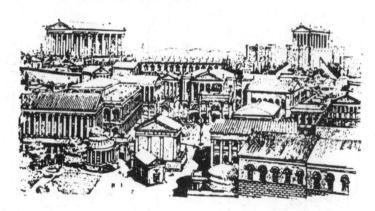

图2-24 罗马共和广场鸟瞰

庞贝城

共和国时期的著名城市庞贝（Pompeii）（图2-25）始建于公元前4世纪左右，是公元79年维苏威火山爆发时被淹没的罗马共和国时期古城。它原来是规则的营寨城市，后逐渐发展为古罗马的重要商港和休养城市。该城位于维苏威火山脚下，当时约有2万人口。主要街道的走向、主要公共建筑物和大府邸的轴线，基本上是对着维苏威火山的。整个城市有以火山为中心统一构图的思想。

庞贝城城墙高7～8米，有8个城门，城市平面不规则，东西长1200米，南北宽700米，略似椭圆形。通过市中心广场的十字形道路宽约6～7米。次要街道的宽度在2.4米至4.5米之间，工程设备很好，道路坚固。通往广场的街道用块石整砌，一般的道路用乱石砌筑，道路都有缘石和人行道。在道路上人工做出车辙的转弯半径。城西南角是市中心广场（图2-26、图2-27），规模为117米×33米。广场上的主要建筑物有城市守护神朱比特神庙、法庭、交易所、市场、公秤公尺陈放室、行政机关、会议厅等。北端正中立着朱比特神庙，其背景正对着维苏威火山的顶峰。

广场周围建筑物是先后建的，较零乱，所以后来沿边建造了一圈两层高的柱廊，既托出了朱比特神庙的立面，又由于柱廊的统一而使总体很完整。当广场上举行各种表演时，两层柱廊就成了看台。广场地坪比四周柱廊低，显然广场内是不能有车辆进入的。

城市南部还有一个三角形的广场，其上有神庙，其北有大小两个剧院，各容5000人及1500人。东端有大斗兽场，可容20000人，即全城的成人都可被容纳在内。

城市一般住房和商店是一层或两层的，房屋围绕天井。较突出的是市中心附近的潘萨府邸，单独占据了整整一个街坊，南北长97米，东西宽38米，三面临街。后面是大花园，约占整个府邸用地的1/3。府邸的沿街部分有敞开的店面和面包房。

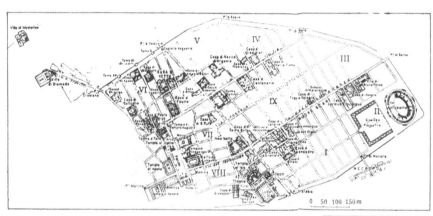

图2-25 庞贝城平面

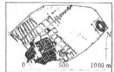

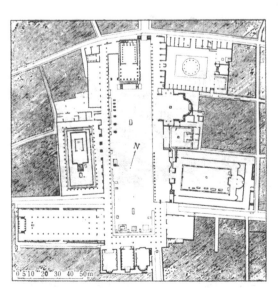

图2-26 庞贝中心广场平面

图2-27 庞贝中心广场遗迹

四、罗马帝国时期的城市建设

罗马帝国时期是古罗马历史的鼎盛时期，在辽阔的地跨欧亚非三洲的幅员内，到处兴建或扩建城市，如首都罗马和罗马帝国广场的建设，如商港巴尔米拉（Palmira）和俄斯提亚（Ostia）的建设，如军事营寨城阿奥斯达、提姆加德的建设等。

罗马城

至公元2世纪，罗马城市的发展已突破13.86平方千米的奥留良城墙范围，城墙外可自由发展。替伏里（Tivoli）附近的阿德良皇帝的离宫即位于罗马城郊。在通往城郊的道路上有坟墓、庙宇、军事设施及体育运动设施。

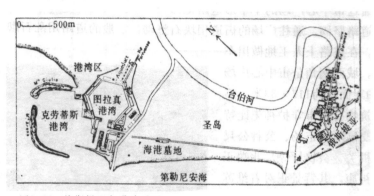

图2-28 俄斯提亚与港湾平面

图2-29 罗马输水道

罗马在公元3世纪时人口已超过100万。其粮食供应是通过台伯（Tiber）河口的俄斯提亚（图2-28）运入罗马的。俄斯提亚人口为5万人，距罗马18千米。罗马人在俄斯提亚建设了图拉真港湾（Harbour of Trajan）与克劳蒂斯港湾（Harbour of Claudius）。城市与港湾均筑防御城墙。古罗马曾一度缺粮缺水时，城市居民向郊外迁徙，使郊外沿台伯两岸的建设蓬勃发展。

罗马城市用水量很大，故需要从几十千米之外把水源源送入城市。仅罗马城就有11条输水道（图2-29）。罗马城内有位于帕拉丁山的皇帝宫殿，建造年代先后不一，用地紧张狭小，建设比较零乱，但供消遣和生活享乐所需的跑马场、剧场、斗兽场、浴场等规模宏大。马克西玛斯（Maximus）跑马场可容纳25万观众。剧场可容约10000～25000观众。斗兽场可容纳5万观众，浴场可容纳2000多人至3000人，其中卡拉卡拉浴场（Thermae Caracalla）占地规模575米×365米，用地内除浴场外，还有俱乐部、交谊厅、演讲厅、体育场、储水库、花园和商店等。公元3世纪时，古罗马城内大型浴场有11所，中小型浴场更是遍布全城。

帝国晚期罗马城有公寓46602所，有的高达七八层，向高处恶性发展。不少公寓因质量差，造成倾塌，故奥古斯都皇帝执政时规定高度不得超过五层或六层，房高不能超过18米。

罗马街道最宽的仅6.5米，一般大街为4.8米。当时法规规定小街的宽度不得小于2.9米。远在共和国时期恺撒皇帝执政时即规定在罗马城内白天不得行驶车辆，故罗马城晚间车声喧嚣。

罗马城市建设的成就集中在中心地区广场群与建筑群，但城市总体布局比较零乱。它由许多点凑合而成，而未形成完整的系统。

罗马帝国广场

在罗马共和国时期，共和广场是城市社会、政治和经济活动的中心。到了帝国时期，帝国广场（图2-23）改变了性质，成为皇帝们为个人树碑立传的纪念场地。皇帝的雕像开始站到广场中央的主要位置。广场群以巨大的庙宇、华丽的柱廊来表彰各代皇帝的业绩。广场形式又逐渐由开敞转为封闭，由自由转为严整，其目的在于塑造一个供人观赏的三度空间艺术组群。

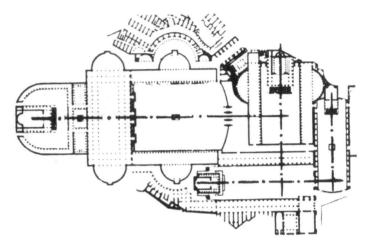

图2-30　帝国广场建筑群之间以垂直轴相交

帝国广场从共和广场的轴线中段向西北延伸300米左右。这里原是一块山间的空地。帝国广场由奥古斯都广场（Forum of Augustus）和图拉真广场（Forum of Trajan）等多个广场群组成。它们的建筑布局不同于共和广场。共和广场上的建筑物强调自我突出，与广场整体不甚协调。而帝国广场的建筑实体从属于广场空间，由广场上的方形、直线形和半圆形的空间组成。每个空间都有柱廊连接，端部的主要建筑物主要起着装点作用。广场群的设计手法是每个帝皇所建筑的广场建筑群与另一个帝皇的广场建筑群在用地布置上彼此垂直相交，以多个彼此相交的垂直轴组成一个完整的整体（图2-30）。柱廊把各种空间联系起来，也是各个空间的过渡。这种设计手法使一些相隔较长时间修建的建筑物之间建立了内在的秩序。帝国广场以奥古斯都广场和图拉真广场为主体。这些广场群辉煌开阔，明朗而有秩序，由巨大建筑物构成巨大空间。

奥古斯都广场（公元前42年至公元前2年）已没有社会和经济活动意义，纯粹为帝皇歌功颂德而建造。战神庙高高地立在大台阶上，两侧各有一个半圆形的讲堂。广场规模为120米×83米，广场周围有高达36米的围墙，与城市隔绝。

图拉真广场（公元109年至113年）轴线对称，有多层纵深布局。广场正门是3跨的凯旋门，进门是120米×90米的广场。两侧敞廊中央各有一半圆厅。在轴线交点上，立着图拉真的骑马青铜像。广场底部是巴西利卡。巴西利卡之后是一个24米×16米的小院子，中央立着高达35.27米的纪功柱。院子左右是图书馆。穿过这个院子，又是一个围廊式院子，内有敬奉图拉真的庙宇，是广场的艺术高潮所在。图拉真广场一连串空间的纵横、大小、开间的变化反映了用建筑艺术手法营造神秘威严的气氛来神化皇帝的设计思想。

阿德良离宫

罗马郊外替伏里附近的阿德良离宫（Hadrian Villa）（图2-31）建于公元114年至138年，是运用实体和空间的观念在自然背景中组织复杂庞大的建筑群体的范例。离宫有许多不规则的空间以不规则的角度相接，或运用曲折的轴线使空间相互联系。在轴线转折处通常有一个过渡，先进入一个小的空间，然后再与大空间相接，使人们无从感觉它的不规则形和空间的无秩序。整个建筑群被安置在几个台地上，以适应复杂的地形。

营寨城提姆加德、兰培西斯和阿奥斯达

帝国时期所建的一批有重要军事意义的城市如北非提姆加德、兰培西斯（图2-32），以及阿奥斯达（Aosta），都是由军队在短时期内建成的。这三个城市的规划布局的共同特征是按照罗马军队的严谨的营寨方式建造。城市有两条互相垂直的大干道成十字交叉或十字式相交，在交点处是城市的中心广场。在这里可进行阅兵式。城市路网为方格形。城市里有剧场、浴场等大型公共建筑。在主要道路起讫点和交叉处，常有壮丽的凯旋门。在凯旋门之间有很长的列柱街，形成极其雄伟的街景。

提姆加德（图2-33、图2-34）城市平面正方形，350米见方，东西有12排街坊，南北11排，每个街坊25米见方。城市广场比道路高出2米，用台阶连接。广场规模为50米×42米。广场四面有建筑环绕，并且有柱廊，柱距2.5～3米，高5米。由于柱廊比例恰当，故感觉广场规模很大。提姆加德城外山头有地方神的神庙。

北意大利的阿奥斯达（图2-35）南北道路已不在中央而在偏西部，也用了平行的道路。当时可能由于有两支军队同时驻扎，因此有两个中心。

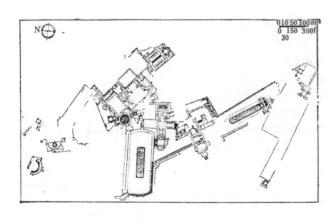

图2-31 阿德良离宫

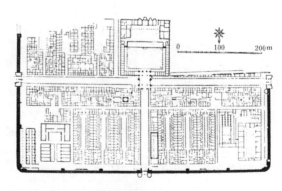

图2-32 兰培西斯城

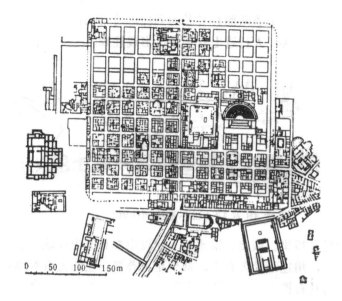

图2-33 提姆加德平面

图2-34 提姆加德遗迹

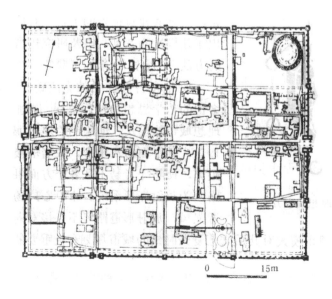

图2-35 阿奥斯达城

罗马帝国时期的列柱街和城市工程

罗马帝国时期，城市工程设施达到很高水平。有的城市大街宽达20～30米。像巴尔米拉（图2-36），干道甚至达到35米，有两侧人行道。街道上铺着光滑平坦的大石板。在巴尔米拉、提姆加德等城市里，干道两侧有长长的列柱，通常列在车行道与人行道之间。在北非提姆加德等太阳暴烈地区，人行道上有顶子，形成柱廊。

除道路外，古罗马在桥梁、城墙、输水道等建设中都有突出成就。罗马城里的特勃里契桥的跨度长达24.5米，用连续的大石券，甚至是重叠二三层的大石券绵亘数十千米飞架起来的输水道，已成为具有很大表现力的纪念性构筑物。

早在公元前5世纪前后，古罗马修建了第一条上水道和下水道，后来又修建了大渗水池。

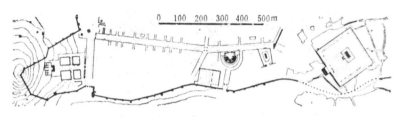

图2-36 巴尔米拉列柱街

维特鲁威的《建筑十书》

维特鲁威的论文集《建筑十书》是古罗马建设辉煌的历史总结。论文集总结了希腊、伊达拉里亚，以及罗马的建筑设计和城市建筑经验。在城市建设上，对城址选择、城市形态、城市布局等提出了精辟的见解。

关于城址选择，他指出必须占用高爽地段，不占沼泽地、病疫滋生地，必须有利于避浓雾、强风和酷热，要有良好的水源供应，有丰富的农产资源，以及有便捷的公路或河道通向城市。

关于建筑物选址，他探讨了建筑物的性质，同城市的关系，地段四周的现状、道路、地形、朝向、风向、阳光、水质、污染等。

关于街道的布置，他研究了街道与常风向的关系，与公共建筑位置的关系。对广场的设计，他提出了建设性的意见，以及研究用当地动物内脏试验的方法进行饮用水的试验等。

他继承古希腊希波克拉底、柏拉图和亚里士多德的哲学思想和有关城市规划的理论，提出了理想城市的模式。他绘制的理想城市方案（图2-37），其平面为八角形，城墙塔楼间距不大于箭射距离，使防守者易于从各个方面阻击攻城者。

城市路网为放射环形系统。市中心广场有神庙居中。为避强风，放射形道路可不直接对向城门。维特鲁威的理想城市模式对其后文艺复兴时期的城市规划有极重要的影响。

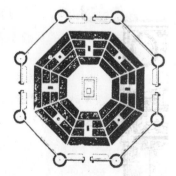

图2-37 维特鲁威理想城市方案

（原载《外国城市建设史》，中国建筑工业出版社，1989年）

12. 文艺复兴与巴洛克时期的城市改建

沈玉麟

文艺复兴时期的意大利，社会变革较早，因而，城市改建也较其他国家为早。早期文艺复兴的经济与社会变革刺激了商业、航海业、工业的发展，从而促进了资本主义因素的成长和发展，使中世纪的城市结构不能适应新生活的需要。拓宽调直道路，改善城市公共设施与卫生条件，调整城市防御体系已成为当务之急。文艺复兴的城市突破了中世纪城市宗教内容的束缚，教堂建筑退居次要地位，大型的世俗性建筑构成了城市的主要景象。一些城市如佛罗伦萨、佛拉拉（Ferrara）、罗马、威尼斯、米兰、波罗那和锡耶那等都做了规模不一的城市改建工作。

巴洛克时期城市改建强调运动感和景深（Vista），这也有助于把不同历史时期、不同风格的建筑物构成整体环境。如教皇西斯塔斯五世（Sixtus V）在罗马的规划（图2-38）中把主要的宗教和世俗建筑、凯旋门用道路轴线联系起来。

佛罗伦萨

早在13至14世纪，佛罗伦萨的经济就比较发达。整个15世纪，城市比较安定和繁荣，建筑活动主要是城市公共建筑物和作为城市市民自豪志的教堂。15世纪后半期，东方贸易被断绝，资产阶级将投资转向土地和房屋，一时刺激了佛罗伦萨的建筑活动。16世纪后半期，从阿诺河修建了联通市中心西格诺利亚广场的乌菲齐（Uffizi）大街（图2-39）两侧为严格对称设有骑楼的联排式多层房屋（图2-40），丰富了市中心广场的群体构图。在城市其他地区亦联通了若干重要建筑物之间的道路区段。

早期佛罗伦萨的建筑物沿袭中世纪市民建筑的特点，着重正立面的设计，不重视体积表现。建筑物均临街并立，广场雕塑亦放在边沿。新贵族的府邸亦采用屏风式的立面构图。

勃鲁乃列斯基于1434年主持建成了佛罗伦萨大教堂的穹顶。这个穹顶高居在十几米高的八角形鼓座上，被抬得高高的，俯瞰着佛罗伦萨全城，成为城市的外部标志（图2-41）。

佛拉拉

佛拉拉（图2-42）在意大利文艺复兴时期曾是伊斯特家族的领地首府，经济上极为富庶。16世纪由鲁赛蒂（Rosetti）进行规划。在原中世纪城市的基础上在波河沿岸进行了扩建，并将原城市范围内200公顷的田地向另一个方向扩建至430公顷。在建设实践中拓宽了道路，开拓了亚里奥斯梯亚广场（Piazza Ariostea），改造了旧城，建造了豪华的宫殿府邸和城市建筑群，并改善了城墙的防御设施。

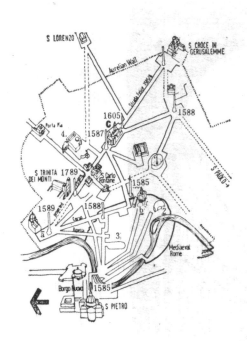

图2-38 教皇西斯塔斯五世的罗马规划
1—角斗场；2—马塞留斯剧院；3—纳伏那广场；
4—戴克利辛浴场遗址；
a—波波罗广场；b—市政广场；
c—玛利亚、玛吉奥教堂

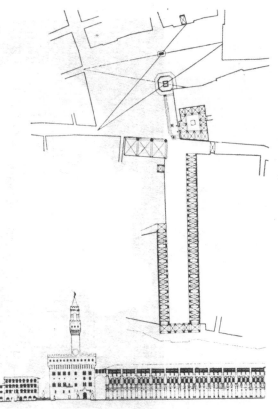

图2-39 西格诺利亚广场的乌菲齐大街

新建地区的城市骨架是先进的，规划建设富有弹性。城市的道路都和一些重要的视点相连，联通了城门到宫殿、城门到城堡、宫殿到宫殿，以及重要建筑物之间的广场。

威尼斯

意大利战争没有直接破坏威尼斯，使威尼斯在富有阶级中，得以继续进行城市改建。

在这个商人城市里拜占庭式、高直式教堂、伊斯兰教清真寺、印度庙宇、雅典娜神堂安然杂处。中世纪的禁欲主义亦未能止住威尼斯商人的世俗享乐生活。15与16世纪除开拓街道广场，修建教堂与府邸外，还建造了商业和集会的敞廊、市政府、钟塔、图书馆、博物馆、铸币厂、学校等。豪绅富商的大府邸多数在大运河的两岸，彼此临接，形成屏风式的立面。

图2-40 乌菲齐大街与两侧联排式房屋

图2-41 佛罗伦萨大教堂穹顶

图2-42 佛拉拉

威尼斯是一座美丽的水城。它建立在亚得里亚海威尼斯湾中的180个岛屿上，有134条河道贯穿其中，只有东北角一条长堤与大陆相通。文艺复兴时期修建了不少码头和美丽的石拱桥，整顿了中世纪形成的大街小巷，和迂回曲折的河道。最引人注目的是文艺复兴时期完善了圣马可广场的建设。

罗马

15世纪中叶，意大利的东方贸易被土耳其人切断。16世纪欧洲人又开辟了新航路与新大陆，意大利北部各城市经济日趋衰落，只有罗马城，当时是基督教圣地，教皇从大半个欧洲收取教徒贡赋和进行政治投机，从而使政治权力和物质财富集中在罗马教廷。这一时期罗马人才荟萃，成为宗教和文化的中心。

罗马的改建（图2-43）是文艺复兴时期城市建设的重大事件。教皇们为使从全欧来各地朝圣的人们惊叹罗马的壮丽，所以着手进行一些城市改建。圣彼得大教堂的重建是这个时期的壮举。大穹隆顶的顶点离地137.8米，丰富了城市的立体轮廓。教堂入口广场，由梯形与椭圆形平面组合而成，十分雄伟。它的建筑规模宏大，与其旁的梵蒂冈宫一起，造型豪华，装饰丰富，为罗马增添了景色。17世纪巴洛克时期封丹纳（Fonfana）曾被委托做改建罗马的规划。他修直了几条街道，建造了几个广场和25座以上的喷泉。封丹纳开辟了3条笔直的道路通向波波罗（Popolo）城门。它们的中轴线在城门之里的椭圆形广场上相交（图2-44）。在交叉点上安置一个方尖碑，作为3条放射式道路的对景。他用高的方尖碑来标志这个城市北门主要入口的关键地位。这个时期轴线构图被广泛运用。重要建筑物往往属于教皇或权臣，放在城市广场，成为一个地区的中心。建筑物的体积构图受到了强调。多数教皇采用单一空间的集中式构图，具有更强的纪念碑性格。这种造型构思符合于教廷建立中央集权帝国的梦想。

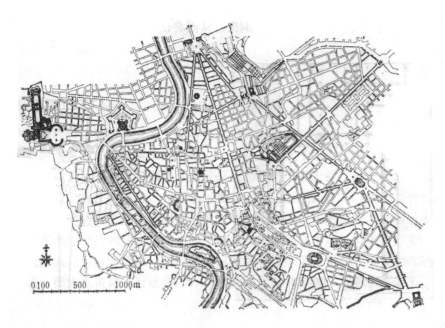

图2-43 16至17世纪罗马的改建

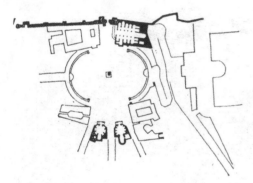

图2-44 波波罗广场

（原载《外国城市建设史》，中国建筑工业出版社，1989年）

第二篇 他山之石，可以攻玉

13. 绝对君权时期的法国城市

沈玉麟

一、巴黎城市改建

17世纪初亨利四世在位时，为促进工商业的发展，做了一些如道路、桥梁、供水等城市建设工作。还建造了法兰西广场和皇家广场（Place Royale，后改名Place des Vosges）（图2-45）。其中最重要的工作是把巴黎旧日许多破烂的房屋改成整齐一色的砖石联排建筑。这些改造工作多在广场上或大街旁，形成完整的广场和街道景观。

路易十四时期，建筑活动集中地表现路易十四和他的国家的强大。在巴黎继续改造卢佛尔宫和建设一批古典主义大型建筑

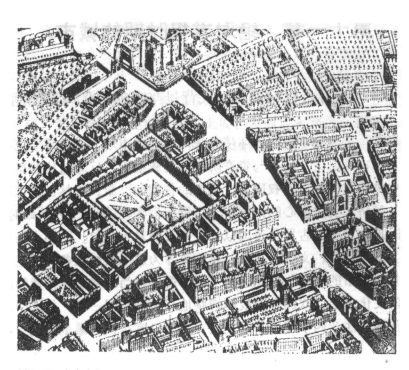

图2-45 皇家广场

物。这些都与主要干道、桥梁等联系起来，成为一个区的艺术标志。当时巴黎的贵族社会进入黄金时代，富裕的贵族纷纷离开庄园，在巴黎营造城市府邸，促进了巴黎的城市改造。路易十四仿效亨利四世的做法，在巴黎市内建造了路易十四广场（后被改名为旺道姆广场）和胜利广场（图2-46）等若干几何形封闭广场来表彰他个人的丰功伟绩。绝对君权最伟大的纪念碑是对着卢佛尔宫建立的一个大而视线深远的中轴，延长丢勒里花园的轴线，向西稍偏北延伸，于1724年其轴线到达星形广场，长3千米，中间有一个小小的圆形广场（图2-47）。这条轴线后来成为巴黎城市的中枢主轴。当时两侧都是浓密的树林。后于18世纪中叶和下半叶完成了巴黎最壮观的林荫道——爱丽舍田园大道（Champs Elysee）。路易十五时期在丢勒里花园（图2-48）之西，建造了协和广场。从协和广场的西侧到小圆形广场长约800米，路面宽约70米，两侧种植核桃树。从小圆形广场到星形广场，长约1300米，两侧

图2-46 胜利广场

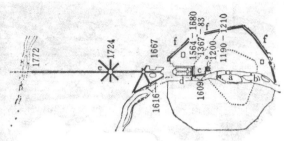

图2-47 对着卢佛尔宫的视线中轴
a—城岛；b—圣路易岛；c—卢佛尔宫；d—丢勒里花园；
e—凯旋门；f—林荫道

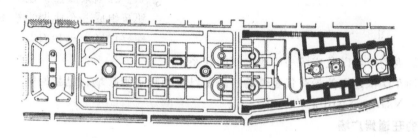

图2-48 丢勒里花园

建了一些贵族府邸，但大部分还是树林。18世纪不仅贵族们建造大批府邸，不少房地产商亦投资建造了成批砖石联排公寓，使巴黎的面貌发生了较大的变化。

二、凡尔赛的建设

路易十四时期，服务于王权的最重要纪念碑是凡尔赛宫（Palace Versailles）。

它位于巴黎西南23千米，原来是国王路易十三的猎庄。它的主体建筑是一个传统的三合院，在它前面是一个御院，御院前面又用辅助房间围成一个前院。

经路易十四重建的凡尔赛宫（图2-49、图2-50），实际上是一座宫城。它的东面是凡尔赛城。

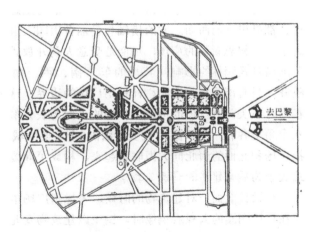

图2-49 凡尔赛宫平面

宫前有三条放射的大道，其中两侧的大道通向两处离宫，中间的大道通向巴黎市区的爱丽舍田园大道。这三条放射路约成20°～25°交角，三

图2-50 凡尔赛宫鸟瞰

条路一起约为50°角。人们观赏时景物能很好地包含在一个单一的视野内。同样凡尔赛花园的风景也联系成一个整体的宏伟的视觉网络。

凡尔赛宫占地总面积为1500公顷，为当时巴黎市区面积的1/4，位于高坡上的主体建筑正投影立面长400米，延伸总长度达580米。全部宫殿建筑可同时容纳两万人。路易十四在凡尔赛时，通常有侍从1万人，食客5000人，厩内养马2500匹。它的巨大体量同它两边花园的宏大规模取得了协调。

凡尔赛宫花园有一个长达3千米的中轴线。强烈的轴线、对称的平面、十字形水渠，以及用列树装饰的道路造成无限深远的透视，反映了法国的王权、财富和人超越自然的思想。在中轴线的两侧是一些封闭的空间和绿茵的草地、密林、小花园、喷泉、小剧场，以及各种奇异的园林小品。

凡尔赛宫的总体布局对欧洲的城市规划有很大影响。它的规划思想，它的三条笔直的放射大道，它的对称而严谨的大花园为其后一些城市的规划借鉴运用。

三、法国广场建设

这时期法国城市建设中最突出的成就是广场。作为封建统治中心的巴黎，出现了分布在一条轴线上的广场系统的规划。纪念性的公共广场有很大发展，并且开始把绿化布置、喷泉雕像、建筑小品和周围建筑组成一个协调的整体，以及处理好广场大小和周围建筑高度的比例，广场周围的环境，以及广场与广场之间的联系。

本时期在法国建设的最有代表性的广场是巴黎的旺道姆广场、巴黎的协和广场和洛林首府南锡（Nancy）的中心广场群。

巴黎的旺道姆广场

路易十四在完成凡尔赛宫的建设之后，主要是继续进行17世纪初建造广场的工作，并且把广场的原有形制也继承下来：正方形的、封闭的、周围一色的，不过形状稍多一些变化。旺道姆广场（图2-51）的平面为长方形，四角抹去，短边的正中连接着一条短街。广场上的建筑是三层的。底层

图2-51 旺道姆广场

是券廊，廊里设店铺。这种做法开始于17世纪初，后一直被沿用，成为法国商业广场和街道的传统。广场中央立着路易十四的骑马铜像。这座铜像于19世纪初，被一棵高43.5米的纪念柱替代了。

巴黎协和广场（Place de la Concorde）

协和广场（图2-52）原名路易十五广场，是为纪念路易十五而建造的。广场位于塞纳河北岸、丢勒里宫的西面。它的横轴与爱丽舍田园大道重合。广场的主要特征是开敞。这在当时是一个构思新颖的广场，可能是受意大利开放式广场的影响和凡尔赛的影响，尤其是受英国风景式园林的影响。广场的东、南、西三面无建筑物，向树林、花园和塞纳河完全敞开。只有壕沟和沟边的栏杆标出广场的边界。这种园林广场的做法用到城市广场中在当时不失为有卓识的创造。广场的平面为长方形（243米×172米），略略抹去四个角。在八个角上各有一座雕像，代表着法国8个主要的城市。广场北边有一对古典式的建筑物，把广场和北面的南北向大街联系起来，构成了同爱丽舍田园大道垂直的次要轴线。它的北端底景为后来建造的马德兰教堂。

在设计北面一对建筑物的时候，考虑到广场中间路易十五骑马像的高度和雕塑造型，使在广场南端的人观看铜像时，铜像以建筑物女儿墙以上的蓝天为背景，显示出在广阔天空中驰骋的雄姿。雕像南北两侧各有一个喷泉池。协和广场在拿破仑统治时期才最后完成。它在巴黎市中心的重要作用也才在那时被充分表现出来。1792年骑马像被拆除，1836年在这位置上竖立了从埃及掠来的高22.8米的方尖碑。

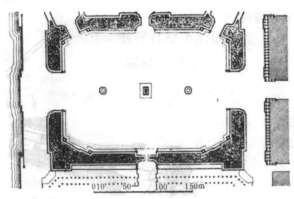

图2-52 协和广场

南锡的市中心广场

洛林（Lorraine）公爵的首府南锡，在18世纪进行了不少的建设活动（图2-53），其中最主要的是它的市中心广场的设计。

南锡中心广场（图2-54、图2-55）是山北端长圆形的王室广场，南端长方形的路易十五广场，中间夹以一个狭长的跑马广场（Carriere）。3个广场在一个长约450米的纵轴上对称排列。

王室广场上的正中是长官府。其两侧伸出半圆形的券廊，把长官府与宽58米的跑马广场联系起来。在跑马广场与路易十五广场之间隔着一条宽40~65米的护城壕沟，有一座桥架在上面。在跑马广场这一边的桥头前有一个凯旋门。

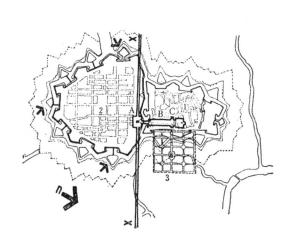

图2-53 南锡平面图
1—旧城；2—新城；3—府邸花园；
A—路易十五广场；B—跑马广场；C—王室广场

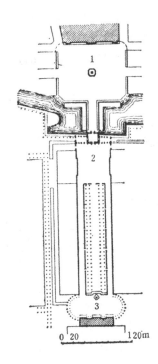

图2-54 南锡市中心广场平面图
1—路易十五广场；2—跑马广场；3—王室广场

路易十五广场的正中是市政厅。广场中部立着路易十五的雕像。广场的四角是敞开的。

南锡市中心广场是半开半闭的广场。3个广场的形状不同，广场群的连接采用了不同的开闭变化，其空间和境界变化很丰富，又很完整统一。树木、喷泉、雕像、栅栏门、桥、凯旋门和建筑物之间的配合相当成功。

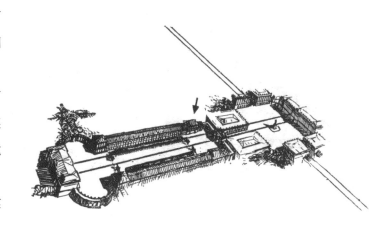

图2-55 南锡市中心广场鸟瞰

四、法国园林建设

自15世纪末法王查理八世侵入意大利后，各继位国王把意大利文艺复兴文化包括造园艺术引入法国。16世纪中叶，在巴黎南郊建枫丹白露宫园（Fontainebleau）。宫园位于面积为16800公顷的大森林中，其间满布渠沼喷泉雕像。17世纪上半叶在巴黎市内建卢森堡宫园（Luxembourg），宫园面积25公顷，无强烈轴线对称，为具有法国风格的御园。

闻名世界的是著名造园家诺特（Andre Le Notre）设计的杰作维康宫（Vaux-Le-Vicomte）

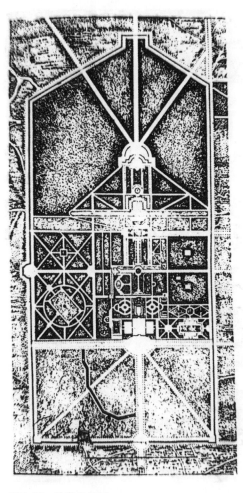

图2-56 维康宫邸园

（图2-56）和凡尔赛宫。维康宫是路易十四财政大臣福奎特的邸园。此园布置简单、对称而严谨，在轴线两侧布置了一些令人惊异的、富于变化的景物，园内面积宽广，可供划船、狩猎。凡尔赛宫的设计冲破了意大利的约束形式，发展成法兰西独特的简洁豪放的风格。园周不设围墙，使园内绿化冲出界限，与田野连成一片，是巴洛克造园取得无限感的手法。

凡尔赛整个宫园布置，无处不体现王权至上和唯理主义的思想。凡尔赛宫名闻远近，各国统治者都艳羡凡尔赛，竞相模拟，如俄国彼得大帝于1711年修建夏宫，普鲁士王弗烈德利克大帝于1747年建成无愁宫（San Souci），奥地利皇弗利茨一世及玛利亚皇后于17世纪末18世纪初建绚波伦宫苑（Schönbrunn），即维也纳夏宫。

（原载《外国城市建设史》，中国建筑工业出版社，1989年）

14. 英国的旧城改建

沈玉麟

伦敦改建

在英国，资产阶级革命前，伦敦已是全国的商业和生产中心，约有人口45万。当时人口过多，建筑密集，瘟疫盛行。1666年9月伦敦大火，几乎毁灭了城市（图2-57），但这场火灾为伦敦提供了遵循近代城市的功能要求而改进城市的机会。克里斯托弗·仑（Christopher Wren）提出了重建伦敦的规划（图2-58）。这个规划虽无规划结构上的根本变革，但仍沿袭古典主义手法，而且把法国园林设计的技巧运用于城市。但他们的规划还是鲜明地反映了资产阶级革命后的新观念，体现了资产阶级的经济和政治力量的增长。他设计的街道网采用了古典主义的形式，但根据功能将城市各主要目标联系了起来。一条中央大街连接三个广场，对城市起控制的作用。一个圆形广场位于郊外，有8条辐射的大道。另一个三角形广场，是两道岔道的交叉点，广场上的主要建筑物是圣保罗教堂。再一个是椭圆形的市中心广场，有10条道路与之交会。广场正中是皇家交易所，广场周围有邮局、税务署、保险公司及造币厂等。这个中心广场有笔直的大道通向泰晤士河岸的船埠。船埠有半圆形广场，引出的4条放射形道路直接联系大半个城。这种市中心、船埠及其交通的功能布局，反映了资本主义城市重视经济职能的新的特征。

这个规划没有很好地结合现状与地形，并且要求剧烈地改变私人土地的所有权，而当时伦敦的主要土地分属于几十个贵族或富户所有，所以没有得到官方的采纳。

克里斯托弗·仑的伦敦规划有划时代的意义。它的规划表明社会的主人是资产阶级，而不是国王和教会。城市的布局也反映资产阶级的政治地位和代表他们的经济利益。与此同时，罗马和巴黎这时

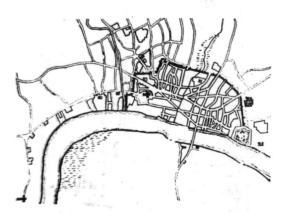

图2-57　1666年大火前的伦敦

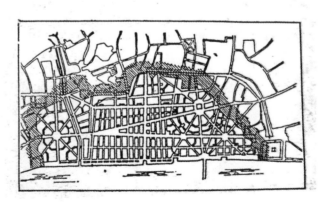

图2-58　1666年伦敦规划

候正在大建城市广场。它们的中心是教堂，或是宫殿，或是国王的骑马像。

1666年大火后，伦敦为城市改建设立了专门委员会。规定重建时放宽街道，使街道一面的火灾不致蔓延到对面，并规定用砖、石耐火材料建房，和根据街道宽度限定房屋层高。1667年颁布了《重建伦敦市法令》，规定了三种房屋形制。

此后数十年，比较有计划的建设主要集中在西郊。这里建造了新型的居住建筑群。在有限的空间内使建筑具有整齐而富丽的外貌。因为建筑群中间常布置成方形的规则广场，因之称为"伦敦史贵尔"（London Square，方形广场）（图2-59）。

公园建设方面，革命后逐渐把封建主占有的大型花园，如海德公园（Hyde Park）、里琴公园（Regent Park）（摄政公园）和圣詹姆士公园（St. James Park）等经过整理改造后，变成城市公众游憩或进行社交活动的场所。

1811年建筑师纳希（John Nash）为伦敦边缘的里琴大街（Regent Street）（摄政街）（图2-60、图2-61）里琴公园和克莱逊特公园（Crescent Park）作了规划设计。这条大街深受巴黎里沃利（Rivoli）大街的影响，长约2千米，在道路交叉口有广场，沿街有住宅、商店及银行等建筑物。它把里琴公园与它南面的高级住宅联系起来。这条大街的整体面貌和环境景观是十分出色的。

图2-59 伦敦史贵尔

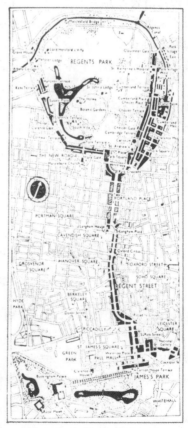

图2-60 里琴大街

图2-61 里琴大街街景

巴斯的建设

这时期英国的城市建设，除伦敦外，疗养城市——巴斯（Bath）（图2-62）的规划建设是18世纪中叶的一个杰出的范例。巴斯以温泉著称。1764年由小约翰伍德（John Wood the Younger）设计，建造了"舍葛斯"（Circus），这是一个直径约92米的圆形广场，四周环抱着在同一屋檐下整齐排列的多层圆形建筑群。另一个是1769年建造的"皇家克莱逊特"（Royal Crescent）（图2-63）是一个183米长的月牙状居住建筑群，在其前形成大的月牙状广场绿地。这个183米长的建筑群是由30座多层住宅在同一屋檐下整齐排列的。以上两组建筑群的中间被插上一条整齐的街道，把两者连接起来。1794年在巴斯城又建造了兰斯道恩·克莱逊特（Landsdowne Crescent）（图2-64）。这个建筑群设计成蛇形，位于城市高处，以三个折曲顺地形高差组成了蛇形住宅群。这在当时是一种创举。在空间处理上运用了开敞和动态的手法。

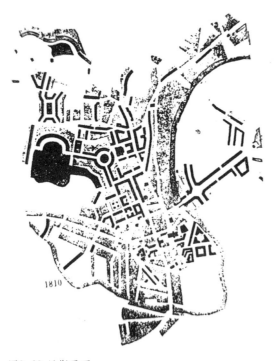

图2-62 巴斯平面

图2-63 皇家克莱逊特
A—史贵尔（方形广场）；B—舍葛斯（圆形广场）；
C—皇家克莱逊特；D—兰斯道恩·克莱逊特

英国的园林

18世纪30年代由英国造园学院发起的园林设计革命，开创了完全自由的风景园林，抛弃了欧洲传统的园林设计手法。此时中国传统的模仿自然山水的造园方法正与英国兴起的浪漫主义的造园思想一致，在英国出现了风靡一时的"英华庭园"（Anglo-Chinese garden）。

英国18世纪出现的浪漫主义风景园林，主要是渊源于英国政治、经济、文化的发展，以及它赖于滋生的大自然条件。从英国自然条件看，它有连绵的小山，弯曲的小河，散布的树丛。从政治因素看，法国园林形式与专制制度有关，而对18世纪时有较多民主思想和要求的英国人来说，法国园林

图2-64　兰斯道恩·克莱逊特

逐渐地不能被接受了。英国新的园林设计追求自然、变化、惊奇、隐藏和田园的情调，强调蛇形的曲线美，有意识地保存自然起伏地形。这个时期的园林被习惯地称作"如画的园林"（Picturesque garden）。

19世纪下半叶的城市公园运动

19世纪上半叶造园思想是浪漫主义和自然主义的结合。浪漫主义运动首先在英国完成。19世纪开始了现实主义的觉醒，追求表现大自然的力量。自然主义运动是与科学技术的发展直接联系的。由于植物分类学和生态学发展引起了人们对自然界的兴趣，人们对自然保护的认识也提高了。

19世纪下半叶发生了城市公园运动。欧洲许多城市的皇家园林都向公众开放了，并出现了植物园、动物园。

（原载《外国城市建设史》，中国建筑工业出版社，1989年）

第二篇　他山之石，可以攻玉

15. 法国的旧城改建

沈玉麟

雅各宾专政时期的巴黎改建

1789年法国暴发了资产阶级革命，1793年雅各宾党专政，这是最下层的贫苦人民的专政，当时制订了一个改建巴黎的规划。城市建设的重点是第三等级和贫苦的手工业工人的聚居区。为了减轻市中心的交通负荷，规划开辟几条新干道，同爱丽舍田园大道相接，特别着重的是为劳动人民居住区铺设街道和路面，增加供水水井，清除垃圾，添置街灯。封闭一些市内墓地，把巴士底狱夷为平地，修建绿化广场，并在市内广泛进行绿化。当时从逃亡贵族和教会没收的土地占巴黎市区面积的1/8。本来很有利于进行城市改建，可是1794年雅各宾党的专政被颠覆，建设没能进行。巴黎城的人口在革命期间反而减少了10万。

从1789年到1794年的革命时期，法国建筑界曾有过一种非常新颖非常生动的建筑潮流。这种新潮流追求表现感情，表现性格、情绪。在建筑上追求体形简单的圆柱体、方锥体、平行六面体和球体。平整的墙面很少有装饰，平面也大都由简单的几何形组成，以反映"一切建筑物都应当像公民美德那样单纯"的见解。

拿破仑帝国时期的巴黎改造

1799年大资产阶级的政治代表拿破仑建立军事独裁政权，并于1804年称帝。这时期的城市建设活动主要是为发展资本主义经济及为颂扬拿破仑对外战争的胜利服务。巴黎市内，出租谋利的多层公寓逐渐成为居住建筑的主要类型，决定了城市多数地区的面貌。1811年巴黎开始改建里沃利大街（图2-65）。沿街是一色的房屋，连阁楼一共五层，底层是商店，前面有连绵的券廊，形成人行道。这条大街整齐庄严，和街对面与之平行的卢佛尔宫及其中轴线上的皇家园林，配合得体。

为表彰拿破仑帝国的光荣与权威，在巴黎西部改建了贵族区，在市中心区以纪念碑、纪念柱和纪念性建筑群点缀广场与街道，使彼此呼应，以控制巴黎中心地区的帝都风貌。协和广场以东300米是丢勒里宫。丢勒里宫被烧毁以后，建了拿破仑的练兵场凯旋门。协和广场以西2700米是为拿破仑建的雄狮凯旋门。这两个凯旋门东西相距3千米，遥遥相对，奠定了巴黎市中心的轴线。协和广场南边隔着塞纳河，是拿破仑时代建的有柱廊的下议院，它和北面干道相连，形成广场的纵轴线。广场中央拆除了路易十五雕像，代之以拿破仑远征埃及时劫掠来的一个方尖碑（图2-66）。于是，以协和广场为枢纽，在规划布局上，控制了巴黎的市中心。雄师凯旋门广场建成后，由于堵塞交通，于是，在它周围开拓了圆形的广场，即星形广场（图2-67）。12条40～80米宽的大道辐辏而来，使它成为一个地区的中心。雄师凯旋门高达49.4米，它的中央券门就有36.6米高，位于爱丽舍田园大道的最高点，气势恢宏，十分壮观。

拿破仑时期的另一个纪念物是旺道姆广场正中的旺道姆纪念柱。为建造这个纪念柱，搬走了原来的路易十四骑像。纪念柱高43.5米，完全用铜铸成，模仿罗马图拉真柱，柱上雕有拿破仑一次战役胜利的战争史迹。

图2-65　里沃利大街

图2-66　拿破仑时期设置方尖碑的协和广场

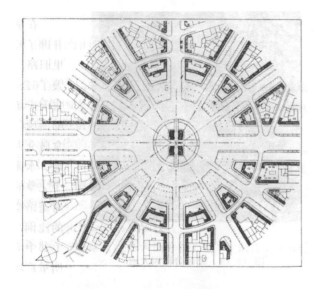

图2-67　星形广场

拿破仑第三时期的巴黎改建

1853—1870年间，拿破仑第三执政时，由塞纳区行政长官欧思曼主持，进行了大规模的改建工作（图2-68）。其时法国国内及国际铁路网已形成，使巴黎成为欧洲的最大交通枢纽之一。城市的迅速发展，使城市原有功能结构由于急剧变化而产生城市现状与发展之间的尖锐矛盾。城市的改建既有功能要求，又有改造市容、装点帝都的艺术要求；此外还有政治目的，即从市中心区迫迁无产阶级，改善巴黎贵族与上层阶级的居住环境，拓宽大道，疏导城市交通，消灭便于革命者进行街垒战斗的狭窄街巷，把便于炮队与马队通行的大道联通各个角落，有利于统治者调动骑兵炮兵，发挥火器作用，以镇压起义者。

这项宏伟工程的一个重要内容，是完成巴黎的"大十字"干道和两个环形路。大十字干道把里沃利大街向东延长至圣安东区，使它与西端的爱丽舍田园大道（图2-69）连成巴黎的东西主轴，并作一条与之垂直的南北干道，形成一个大的十字交叉。这个大十字交叉，均穿通市中心，是椭圆形市区的长轴与短轴。内环线的形成是在塞纳河南岸作一弧线，与北岸的巴士底广场及协和广场连接。再与北岸原有的半弧形道路组成环线。内环之外，以民族广场与星形广场与东西两极再跨一环，构成了巴黎的内外二环。

在拿破仑第三执政的17年中，在市中心区开辟了95千米顺直宽阔的道路，并拆毁了49千米旧路，于市区外围开拓了70千米道路，并拆毁了5千米旧路。市中心的改建，以卢佛尔宫、宫前广场、协和广场，以及北至军功庙西至雄狮凯旋门这一带最为突出。这是继承19世纪初拿破仑大帝的帝国式风格，将道路、广场、绿地、水面、林荫带和

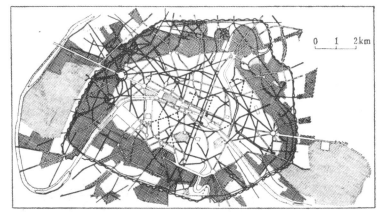

图2-68 欧思曼巴黎改建规划

大型纪念性建筑物组成一个完整的统一体。为美化巴黎城市面貌，当时对道路宽度与两旁建筑物的高度都规定了一定的比例，屋顶坡度也有定制。在开拓了12条（其中5条是1854年新辟的）宽阔的放射路的星形广场上，直径拓宽为137米，四周建筑的屋檐等高，立面形式协调统一。这次改建重视绿化建设，全市各区都修筑了大面积公园。宽阔的爱丽舍田园大道向东、西延伸，把西郊的布伦公园与东郊的维星斯公园的巨大绿化面积引进市中心。此外，建设了两种新的绿地，一种是塞纳河沿岸的滨河绿地，一种是宽阔的花园式林荫大道。

巴黎改建把市中心分散成几个区中心。这在当时是独一无二的，它适应了因城市结构变化而产生的分区要求。

从当时的历史条件看，巴黎还处于马车时代、工场时代和煤气灯的时代，尚无新的交通工具和新的先进技术，但巴

图2-69 爱丽舍田园大道

黎改建促进了城市的近代化。它在市政建设上有一些重大成就，如建造了技术上相当完善的大规模地下排水管道系统，使城市几乎每个角落的污水都能顺利排出，并且改善了自来水供应，增加了水压。1855年开办了出租马车的城市公共交通事业，街道上增加了照明气灯。这个时期人口由原来的120万增至200万。

巴黎改建未能解决城市工业化提出的新的要求，未能解决城市贫民窟问题。拆除旧的贫民窟后，立即于新拓干道的街场后院出现了贫民窟。对因国内和国际铁路网的形成而造成的城市交通障碍也未得到解决。但欧斯曼对巴黎改造所采取的种种大胆改革措施和城市美化运动仍具有重要历史意义。当时19世纪的巴黎（图2-70）曾被誉为世界上最美丽、最近代化的城市。

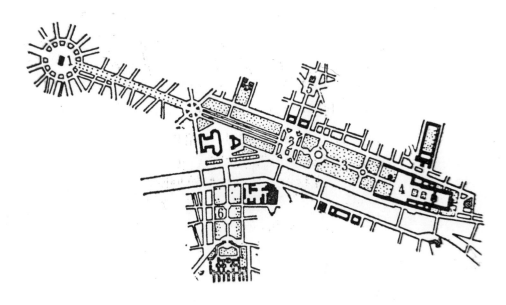

图2-70　19世纪的巴黎中心主轴
1—星形广场；2、3—丢勒里花园；4—卢佛尔官；5—马德兰教堂；6—残疾院（荣军院）广场

（原载《外国城市建设史》，中国建筑工业出版社，1989年）

第二篇　他山之石，可以攻玉

16. 俄国的旧城改建

沈玉麟

  18世纪下半叶，俄罗斯的资本主义生产关系已经形成，并已获得巩固，一些重要城市的建设活动大为活跃。法国的建筑文化也对俄国产生巨大的影响。19世纪初，俄国成为欧洲强国。1812年打败了拿破仑的侵略，凯旋的激情成了城市建设的主要思想内容。

  19世纪初彼得堡营建了宽阔宏伟、联成一体的十二月党人广场（原元老院广场）、海军部广场和冬宫广场。在广场和广场对岸建造了一批大型纪念性建筑物，形成了世界上极为壮丽的隔岸鼎足而立的组景式市中心建筑群（图2-71）。

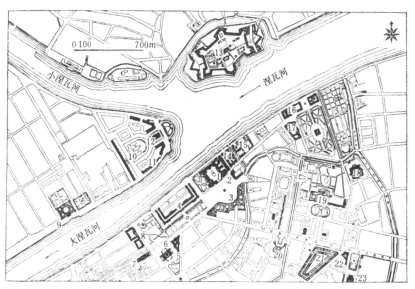

图2-71 彼得堡
1—冬宫；2—近卫军司令部；3—总司令部；4—海军部；5—洛巴诺娃-罗斯托夫夫皇族府邸；6—伊萨基叶夫斯基教堂；7—练马场；8—元老院与宗务院；9—艺术学院；10—十二院；11—科学与考古学院；12—交易所；13—彼得罗巴夫洛夫斯克教堂；14—博物馆；15—博物馆剧院；16—大理面官；17—巴甫洛夫斯克军团兵营；18—米哈伊洛夫寨堡；19—米哈伊洛夫宫；20—喀桑教堂；21—劝业场；22—公共图书馆；23—亚历山大剧院

  在老海军部原址上，1823年建成了新的海军部大厦，正立面长407米，侧立面长163米，在大厦正中有一座72米高的塔，组成了整个城市中心的垂直轴线。

  后来，在海军部大厦前又修建了两条大道，同原有的涅瓦大街（图2-72）形成对称的、放射形的三条大道。

  同海军部隔涅瓦河相对，华西里岛的尖端上建造了交易所。它同海军部和彼得罗巴夫洛夫斯克教堂鼎足而立，这三者构成了彼得堡的海上中心。

  在冬宫的对面，1829年建成了一所弧形的总司令部大厦。为了纪念与拿破仑作战的胜利，在中央作了凯旋门式的构图。这个凯旋门是冬宫广场的南面入口。

  冬宫广场中央，矗立着1834年完成的47.4米高的沙皇亚历山大的纪念柱，丰富了广场建筑群的构图。

　　十二月党人广场在海军部西侧，一边是海军部的侧翼，对面是元老院及1834年完成的宗教会议大厦。北面临涅瓦河，原来有桥。迎着桥头是著名的彼得大帝的青铜骑马像，南面是1859年完成的伊萨基叶夫斯基教堂。

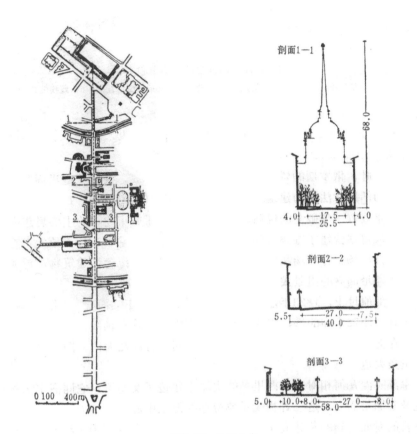

图2-72　涅瓦大街

（原载《外国城市建设史》，中国建筑工业出版社，1989年）

17. 阿姆斯特丹的旧城改建

沈玉麟

阿姆斯特丹位于荷兰北部须德海湾中，13世纪后随着手工业工场与海上贸易的发展，城市逐渐由海滨小村发展为荷兰的主要城市（图2-73）。荷兰于16世纪在海上争霸中取得优势，通过侵略战争和掠夺殖民地，很快成为西欧最富庶的国家。至17、18世纪，这里曾是蜚声世界的贸易中心和最大的港口。当时各国豪商巨富云集于此，这里也是世界的商业都会之一。17世纪时城外已修建了防御性城墙。港口筑起了大量码头、仓库和客栈。市内开设了交易所和银行。不久城墙又向外扩大，并建了22个碉堡。市内房屋密集，市区作马蹄状向河口两岸发展，旋又成扇形。这些房屋多沿运河分布。市内运河纵横交错，层层环绕城市，状似蛛网。历次扩建城市，都不断开凿新的环城运河（图2-74）。

1875年阿姆斯特丹开凿了一条运河，直接连接北海。旧的城墙被拆除，拆除后建设绿带，其中建设了方格网式的居住区。

阿姆斯特丹是运河之城。这些运河几乎穿过每一条街道。至今城市市中心区的规划结构仍是13至17世纪的运河与道路骨架。运河两旁至今还存在荷兰鼎盛时期建造的古老建筑。这些建筑·律是朱红色的墙和绿色三角形的屋顶。房屋一般为四五层，高度统一，色调明艳，富有民族特色。

图2-73 阿姆斯特丹平面图

图2-74 阿姆斯特丹环城运河

（原载《外国城市建设史》，中国建筑工业出版社，1989年）

18. 近代亚非拉殖民地城市和美国新建的大城市

沈玉麟

一、近代亚非拉殖民地城市

17、18世纪，欧洲绝大多数国家资本原始积累过程已经开始，其原始积累的重要来源之一是对美洲、亚洲和非洲人民的剥削和掠夺。17、18世纪中美和南美是西班牙和葡萄牙的殖民地。当时亚非国家多数还处在封建统治下，某些国家和地区甚至还处在更早的社会发展阶段。这些国家逐一成为西方资本主义殖民掠夺的对象。

19世纪最后30年"自由"资本主义过渡到垄断资本主义，对外发动侵略战争，变本加厉地对弱小民族实行压迫和兼并。抢占大量殖民地成为帝国主义赖以生存的重要条件。到19世纪末、20世纪初，资本主义各国已结束领土和势力范围的分割，确立了帝国主义的殖民体系。

近代亚非拉的大城市，大多是欧洲殖民主义殖民扩张的产物。它们具有宗主国资本主义城市的一般特征。这些城市早期多为掠夺殖民地的财富和倾销商品而兴起的。有的则是殖民主义的政治或军事中心。有的由于宗主国资本输出，也出现了规模较大的工业城市。在城市发展过程中，有的殖民地国家民族工业亦相继发展起来。

殖民地城市的一般特征：

1. 城市平面简单，一般为方格形路网。各自独立的小街坊，以近乎正方形的为多。在城市中心地带，或去掉几个街坊或缩小几个街坊的面积，腾出空地建成城市中心广场。广场上有教堂、市政厅、殖民当局或富商的官邸。西班牙菲力普二世在位时

图2-75 墨西哥中心广场

（即1573年），已把这种城市模式以法令形式对墨西哥的建设进行了规定。

城市的规划结构仅考虑平面的两度空间，未建立三度空间的概念。仅是划分地块，卖给建房者，未要求城市立体构图与各个独立街坊间房屋的连续性与统一性。拉丁美洲的若干殖民城市，有宽阔的道路与宏伟的广场（图2-75）。除市中心局部地区建设有条理外，其他地区房屋层数低，建设松散，无规划秩序。

2. 殖民统治者对城市发展、人口规模、用地规模都无科学预测。为便于城市从小到大，易于发展，采用棋盘方格形道路骨架系统。这种道路系统与自然地形不甚结合，城市可以向各种方向自由扩展。16世纪西班牙殖民主义者采用了这种方格形道路系统，普遍地应用于中美与南美各新建的殖民地城市。如16世纪墨西哥的喀士柯（Cuzco）（库斯科）（图2-76）和16世纪阿根廷的孟多札（Mendoza）。这种道路规划结构于17、18世纪被英法殖民主义者应用于北美殖民地。如1682年按攀恩（Penn）的设计建成的费城（Philadelphia）（图2-77）和1734年建成的萨伐纳（Savannah）（图2-78）。在19世纪亦被应用于亚洲非洲等的殖民地城市，如19世纪的越南西贡（Saigon）（图2-79）和19世纪埃及的赛德港（Port Said）（图2-80）。葡萄牙占领的印度郭亚（Goa）（图2-81）仍维持原来中世纪伊斯兰城市的弯曲转折的道路系统。

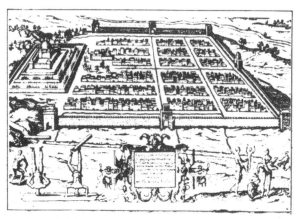

图2-76　喀士柯

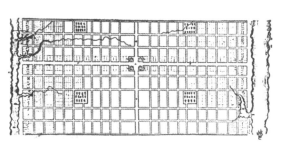

图2-77　费城

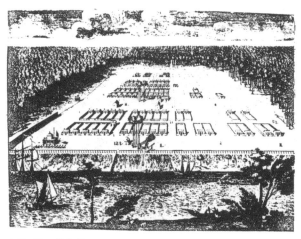

图2-78　萨伐纳

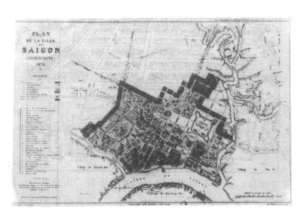

图2-79　西贡

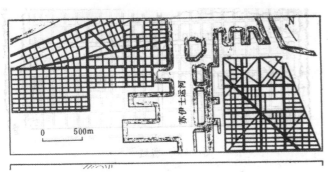

图2-80 赛德港与福德港

图2-81 郭亚

新加坡

1819年英国侵入时，新加坡还是荒凉的孤岛，人口仅150人。英国占领该地进行建设后，它是英帝国在东南亚殖民扩张的最大据点之一。这个城市地理位置显要。它扼太平洋与印度洋的咽喉，从欧洲或印度至远东、澳洲的航轮必须经过这里，是世界海洋航路的要冲之一。这里港口优良，港南有两个岛屿作为屏障，港内风平浪静，沿港水深10米以上。42000吨的大轮船可靠岸停泊。这里又是附近各国的货物集散点。马来西亚的橡胶、锡，以及印尼、缅甸、泰国、越南等国的货物也从这里转口。

它位于马六甲半岛南端的一个小岛，东西长41千米，南北宽22千米，岛上丘陵起伏。有长堤与大陆相连。

市区在岛的南端，1822年进行了城市规划。规划把市区分为政府区、商业区、欧洲人区、华人区。每个不同的种族都有自己的聚居地，充分反映了阶级对立与民族矛盾。

19世纪殖民时期，市区建设在沿海东南部分，与其他殖民城市一样，街道垂直相交，形成棋盘式道路系统。东西向道路几乎与海岸线平行，南北向通向海岸。市区房屋均系西式，城市居民活动中心在临海一带。

加尔各答

印度于1757年以后逐步沦为英国殖民地。这个世界著名的大城市是被作为英国殖民统治者在印度的最主要据点而成长起来的，是印度东海岸的最大港口。城市明显地分为两部分。城中央是欧洲式建筑街区，它的四周为贫民居住区。

码头旁是城市中心区，有古老的威廉堡和公园。城市中央大道在公园附近通过。大道旁有大公司管理处、银行、旅馆、商店等，不远处是市场。这个城市没有摆脱一般殖民地大城市的弊病。城市迅速膨胀，吞没了郊区，并与附近城市连成一片。

开罗

埃及的开罗也曾是非洲最大的殖民地城市，作为帝国主义殖民统治的中心而发展起来的。中世纪以来埃及一直是土耳其属国，近百年陷为英国的殖民地，并于1863年成为国家首都。

它位于尼罗河右岸，从一座古代城堡向北，城市沿河流延伸。最大的一条连接上下埃及各省的交通大动脉在这里通过。

开罗分新旧两城。旧城在东半部，是亚洲闪族人的前哨，有穆斯林、柯普特及犹太人区域。旧城仿中东穆斯林住区，外形像一个圆形的剧场。街道狭窄弯曲，住房为一二层的土房。英国殖民者建设的新开罗，占据城市的西北郊，有宽阔的街道，巨大的广场及欧式高层建筑。尼罗河左岸为开罗大学及居住区。

该城人口密集、用地紧张，反映了殖民地大城市的一般特征。

布宜诺斯艾利斯

布宜诺斯艾利斯为最早的西班牙殖民地城市，为大西洋岸重要港口，也是南美最大的交通枢纽之一。

市中心广场是殖民时期建设的。它的周围有市政厅、总督官邸、大教堂及国家银行。一条中央大道由此向西直达议会大厦。它在中途穿过共和国广场，一座方尖碑屹立在广场的中心。广场北面是商店、剧院和商业区，该市的传统商业中心也在这个区。

城市北部为有产者住宅区，而工人居住区则靠海港布置。

二、美国新建的大城市

美国的方格形城市

18、19世纪欧洲殖民者在北美这块印第安人富饶的土地上建立了各种工业和城市。城市的开发和建设由地产投机商和律师委托测量工程师对全国各类不同性质、不同地形的城市作机械的方格形道路划分（一般地把街坊分成长方形）。开发者关心的是在城市地价日益增长的情况下获得更多利润，采取了缩小街坊面积，增加道路长度的方法，以获得更多的可供出租的临街面。首都华盛顿是少数几个经过规划的城市之一，采用了放射加方格的道路系统。地形起伏的旧金山也生搬硬套地采用了方格形道路

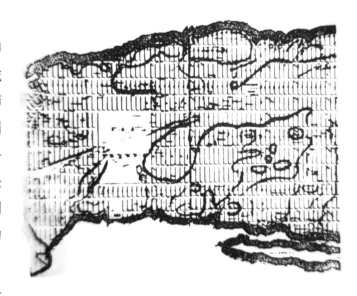

图2-82　1811年的纽约城市总图

布局，给城市交通与建筑布局带来很多不便。这种由测量工程师划分的方格形布局是在马车时代交通不发达的情况下，资本主义大城市应付工业与人口集中的一种方法。

1800年的纽约，人口仅79000人，集中于曼哈顿岛的端部。1811年的纽约城市总图（图2-82）采用方格形道路布局，东西12条大街，南北155条大街。市内唯一空地是一块军事检阅用地。从1858年才在此建设了中央公园。

这个方格形城市东西长20千米，南北长5千米。1811年制订总图时就预计1860年的城市人口将增加4倍，1900年将达到250万人，总图按250万人口规模进行了规划。事实上，人口增长比总图预计的更快，1850年已达696000人，而1900年竟达3437000人。

1811年的纽约总图是马车时代的产物，不适应城市的发展，但1811年制订总图时对人口与城市规模的增长有一定的预见性。

华盛顿的朗方规划

1780年华盛顿被定为首都。1790年美国国会授权华盛顿总统，在原马里兰州波托马克河畔选择了一块土地进行规划建设。华盛顿总统聘请了当时在美国军队里服务的法国军事工程师朗方（Le Enfant）为首都作规划。

在规划设计中，曾以热那亚、拿波里斯、佛罗伦萨、威尼斯、马德里、伦敦、巴黎、阿姆斯特丹等八个欧洲城市为借鉴，根据华盛顿地区的地形、地貌、风向、方位、朝向等条件，选择了两条河流交叉处、北面地势较高和用水方便的地区，作为城市发展用地。城市面积约30平方千米。朗方规划（图2-83）是以国会与白宫为中心制定的。朗方把三权分立中最重要的一权即立法机关——国会，放在华盛顿的最高处，即琴金斯山高地（高于波托马克河约30米），这是全城的核心和焦点，可以俯视全城。以国会大厦为中心，设计一条通向波托马克河滨的主轴线，并连接白宫与最高法院，成为三角形放射布局，构成全城布局结构中心。白宫与国会也在同一轴线上。从国会和白宫两点向四周放射出许多放射状道路通往许多广场、纪念碑、纪念馆等重要公共建筑，并且结合林荫绿地，构成放射与方格形相协调的道路系统，形成许多美丽的街道景观。主要街道很宽，有的宽达50米。一些重要建筑物和纪念性建筑物均各有特色，宏伟壮丽，

图2-83　朗方的华盛顿规划

与绿树成荫的大道相陪衬。从国会大厦开始，正中有一条林荫大道往西伸展，像一条绿带伸展到后来建造的华盛顿纪念碑。纪念碑往北是白宫。纪念碑往西是通过后来修建的狭长倒影池到达林肯纪念堂。整个地区气势宏伟，像一个大花园。林荫大道两旁原来规划为使馆区，后来建了许多博物馆、展览馆。

朗方对华盛顿规划的人口规模预计为80万。当时美国全国人口才不到400万，这是一项英明的预测。他的规划思想与设计手法，是受到他生活过的巴黎和凡尔赛的影响。

（原载《外国城市建设史》，中国建筑工业出版社，1989年）

19. 近代城市规划的理论与实践

沈玉麟

18、19世纪之交，是资本主义社会科学技术发展的重要时期。新的生产方法和交通通信工具已经发明，并得到广泛应用。工厂代替手工作坊，城市在旧的躯体上迅速增长，城市成为矛盾的焦点。于是从文艺复兴以来，作为政治控制手段的城市规划完全不适合了，要求探索新的理论和进行新的实践。某些统治阶级、社会开明人士，以及空想社会主义者，为尝试缓和城市矛盾，曾作过一些有益的理论探讨和部分的试验，其中著名的有空想社会主义的城市、田园城市（Garden City）、工业城市（Industrial City）和带形城市（Linear City）的理论等。此外19世纪在美国的许多城市中开展了保护自然、建设绿地与公园系统的运动。

一、 空想社会主义的城市

早在16世纪前期，英国资本主义萌芽时期，托马斯·摩尔（Thomas Moore）就提出了空想社会主义的"乌托邦"（Utopia）（即乌有之乡、理想之国），有54个城，城与城之间最远一天可到达。城市不大，市民轮流下乡参加农业劳动，产品按需从公共仓库提取，设公共食堂、公共医院，废弃财产私有观念。稍后安得累雅的"基督教之城"、康帕内拉的太阳城也都主张废弃私有财产制。这种早期空想社会主义者的进步性是主张消灭剥削制度和提倡财产公用，其保守性是代表封建小生产者反对资本主义萌芽时期已露头的新的生产方式。

后期空想社会主义最著名的有19世纪初的欧文（Robert Owen）和傅立叶（Fourier）等。

欧文曾是一个工厂的经理，他提出以"劳动交换银行"及"农业合作社"解决私人控制生产与消费的社会性之间的矛盾。他认为要获得全人类的幸福，必须建立崭新的社会组织，把农业、手工业和工厂制度结合起来，合理地利用科学发明和技术改良，以创造新的财富。而个体家庭、私有财产及特权利益，将随着社会制度而消灭，未来社会将按公社（Community）组成，其人数为500~2000人，土地划为国有并分给各个公社，实行部分的共产主义。最后农业公社将分布于全世界，形成公社的总联盟，而政府将消亡。

欧文把城市作为一个完整的经济范畴和生产生活环境进行研究，于1817年根据他的社会理想，提出了一个"新协和村"（Village of New Harmony）的示意方案（图2-84）。建议居民人数为300~2000人（以800~1200人为最好），耕地面积为每人0.4公顷或略多。新协和村中间设公用厨房、食堂、幼儿园、小学会场、图书馆等，周围为住宅，附近有用机器生产的工场与手工作坊。村外有耕地、牧场及果林。全村的产品集中于公共仓库，统一分配，财产公有。他的这种设想，呼吁政府采用，遭到拒绝。

1825年欧文为实践自己的理想，毅然用自己4/5的财产，带了900人从英国到达美国的印第安纳州，以15万美元购买了12000公顷土地建设新协和村（图2-85）。该村的组织方式与1817年的设想方案相似，但建筑布局不尽相同。欧文认为建设这种共产村可揭开改造世界的序幕，但在整个资本主义社会的包围下，不久全部失败了。

和欧文的试验类似的，有傅立叶的法朗吉（Phalanges）（图2-86）。1829年他发表了《工业与社会的新世界》一书。他主张以法朗吉为单位，由1500～2000人组成公社，废除家庭小生产，以社会大生产替代。通过组织公共生活，以减少家务劳动。他的空想比欧文更为极端，他把400个家庭（1620人）集中在一座巨大的建筑中，名为"法兰斯泰尔"（Phalanstere）（图2-86），是空想社会主义的基层组织。这些试验也都先后失败。

1871年戈定（Godin）力图把傅立叶的思想变成现实，在盖斯（Guise）进行了建设（图2-87、图2-88）。尽管这个"千家村"名噪一时，但不能适应19世纪技术和社会发展的需要。

图2-84　新协和村示意方案

图2-85　印第安纳州新协和村

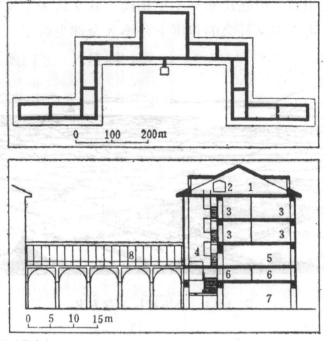

图2-86 法兰斯泰尔
1—屋顶层,内设客房;2—水箱;3—私人公寓;4—高架通道;5—集会厅;6—夹层、内设青年
宿舍;7—首层,马车入口处;8—有屋顶的人行桥

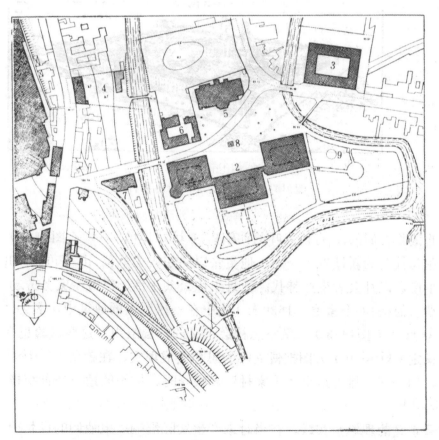

图2-87 戈定建造的法兰斯泰尔居住建筑
1、2—法兰斯泰尔;3、4—后增建的住宅;5—剧院与学校;6—实验室;7—公共浴池与室内游泳
池;8—戈定的雕像;9—公园

空想社会主义的理论与实践，在当时未产生实际影响。但在他们的设想中把城市作为一个社会经济的实体，把城市建设与社会改造联系起来，以及其规划思想的出发点是为解决广大劳动者的生活、工作问题，在城市规划思想史上占有一定的地位。他们的一些设想及理论也成为其后"田园城市""卫星城镇"等城市规划理论的渊源。

二、田园城市

19世纪末英国政府以"城市改革"和"解决居住问题"为名，攫取政治资本，授权英国社会活动家霍华德（Ebenezer Howard）进行城市调查和提出整治方案。霍华德受当时英国社会改革思潮的影响，对社会上出现的种种问题，如土地所有制、税收问题、城市的贫困问

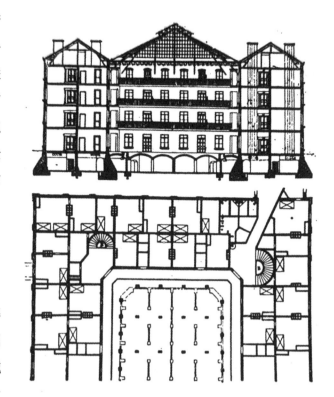

图2-88 戈定的法兰斯泰尔总平面

题、农民流入城市造成城市膨胀和生活条件恶化等问题进行了研究，于1898年著述《明天——一条引向改革的和平道路》。1902年再版时，书名改为《明日的田园城市》。

首先，他提出了一个有关建设田园城市的论证，即著名的三种磁力的图解。这是一个关于规划目标的简练的阐述，即现在的城市和乡村都具有相互交织着的有利因素和不利因素。城市的有利因素在于有获得职业岗位和享用各种市政服务设施的机会。不利条件为自然环境的恶化。乡村有极好的自然环境。他感赞乡村是一切美好事物和财富的源泉，也是智慧的源泉，是推动产业的巨轮，那里有明媚的阳光、新鲜的空气，也有自然的美景，是艺术、音乐、诗歌的灵感之所由来。但是乡村中没有城市的物质设施与就业机遇，生活简朴而单调。他提出"城乡磁体"（Town-Country Magnet），认为建设理想的城市，应兼有城与乡二者的优点，并使城市生活和乡村生活像磁体那样相互吸引、共同结合。这个城乡结合体称为田园城市，是一种新的城市形态，既可具有高效能与高度活跃的城市生活，又可兼有环境清净、美丽如画的乡村景色，并认为这种城乡结合体能产生人类新的希望、新的生活与新的文化。

为控制城市规模、实现城乡结合，霍华德主张任何城市达到一定规模时，都应该停止增长，其过量的部分应由邻近的另一城市来接纳。因而居民点就像细胞增殖那样，在绿色田野的背景下，呈现为多中心的复杂的城镇集聚区。即若干田园城市围绕一中心城市，构成一个城市组群，用铁路和道路把城市群连接起来。他把这种多中心的组合称为"社会城市"。在他著作第一版的图解中表示的是一个25万人的城市（图2-89）。其中心城市可略大些，建议为58000人，其他围绕中心的田

园城市为32000人。

他画了一个容纳32000人城乡结合的简图（图2-90）。建议总占地约2400公顷，其中农业用地约2000公顷。农业用地中，除耕地、牧场、菜园、森林以外，农业学院、疗养院等机构也设在其间。城市位于农业用地的中心位置，占地400公顷，四周的农业用地保留为绿带，不得占为他用。其中30000人住在城市，2000人散居在乡间。

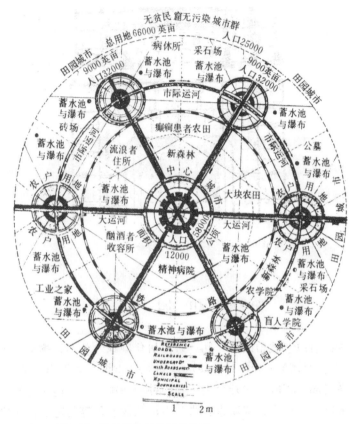

图2-89　霍华德构思的城市组群

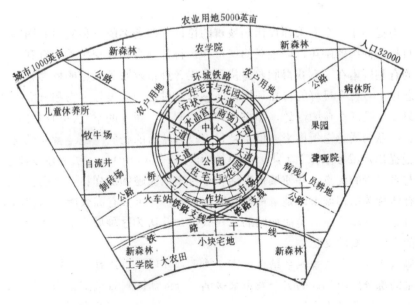

图2-90　城乡结合的田园城市简图

第二篇　他山之石，可以攻玉

对于容有3万人的城市，他也画了一个示意图（图2-91）。城市平面为圆形，是由一系列同心圆组成的，可分市中心区、居住区、工业仓库地带及铁路地带。有6条各宽36米的放射大道从市中心的圆心放射出去，将城市划分为6个等分面积。

市中心区中央为一圆形中心花园。四周建有市政厅、音乐厅、剧院、图书馆、博物馆、画廊及医院等。其外绕有一圈占地58公顷的公园。公园四周又绕一圈宽阔的向公园敞开的玻璃拱廊，称为"水晶宫"，作为商业、展览和冬季花园之用。从水晶宫往外，一圈圈共有5条环形的道路。在这个范围内都是居住街区。5条环路的中间一条是宽广的林荫大道，宽130米，广种树木。学校、教堂之类，都建在大道的绿化丛中。城市的最外围是各类工厂、仓库、市场、煤场、木材场与奶场等，一面对着最外一层环境，另一面向着环状的铁路支线。

霍华德对如何实现田园城市，从土地问题、资金来源、城市的收支、经营管理等都提了具体的建议。1903年他着手组织"田园城市有限公司"，筹措资金，在离伦敦56千米的地方建立起第一座田园城市——莱奇华斯（Letchworth）。1920年又开始建设离伦敦西北36千米的第二座田园城市——韦林（Welwyn）。英国田园城市的建立，引起各国的重视。欧洲各地纷纷仿效建设。但都只是袭取"田园"其名，实质上都不过是城郊的居住区。

霍华德针对现代工业社会出现的城市问题，把城市和乡村结合起来，作为一个体系来研究，设想了一种带有先驱性的城市模式，具有一种比较完整的城市规划思想体系。它对现代城市规划思想起了重要的启蒙作用。对其后出现的一些城市规划理论，如有机疏散理论、卫星城镇理论有相当大的影响。20世纪40年代以后，在某些规划方案的实践中也反映了霍华德田园城市理论的思想。

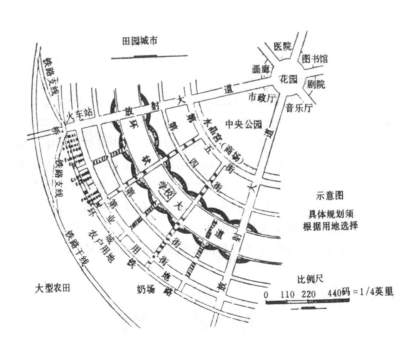

图2-91 1/6片段的田园城市示意图

三、工业城市

19世纪，蒸汽机、铁路等的发明，把产业革命推向新的阶段。大机器生产的发展，劳动场所逐渐扩大，工场的重要性也日益增加，劳动与居住的地方逐渐分离，城市中各种活动的分布也日趋复杂，破坏了原来脱胎于封建社会的那种以家庭经济为中心的城市结构，19世纪末，乃出现"工业城市"的理论。

法国青年建筑师戛涅（Tony Garnier）从大工业的发展需要出发，对"工业城市"规划结构进行了研究。他设想的"工业城市"人口为35000人，规划方案（图2-92）于1901年展出，他对大工业发展所引起的功能分区、城市组群等都作了精辟的分析。

他对"工业城市"各功能要素都进行了明确的功能划分。中央为市中心，有集会厅、博物馆，展览馆、图书馆、剧院等。城市生活居住区是长条形的，疗养及医疗中心位于北边上坡向阳面，工业区位于居住区的东南。各区间有绿带隔离。火车站设于工业区附近，铁路干线通过一段地下铁道深入城市内部。

城市交通是先进的，设快速干道和供飞机发动的试验场地。

住宅街坊宽30米、长150米，各配备相应的绿化，组成各种设有小学和服务设施的邻里单位。

戛涅重视规划的灵活性，给城市各功能要素留有发展余地。他运用1900年左右世界上最先进的钢筋混凝土结构来完成市政和交通工程的设计。市内所有房屋如火车站、疗养院、学校和住宅等也都用钢筋混凝土建造，形式新颖整洁（图2-93）。

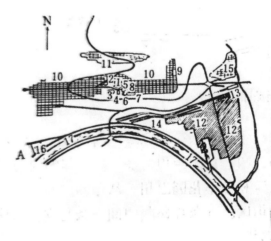

图2-92 戛涅"工业城市"方案
1—集会厅；2—博物馆；3—图书馆；4—展览厅；5—剧院；6—露天剧场；7—运动场地；8—学校；9—技术与艺术学校；10—住宅区；11—保健中心、医院、疗养院等；12—工业区；13—火车站；14—货站；15—古城；16—屠宰场；17—河流

图2-93 戛涅"工业城市"钢筋混凝土房屋

四、带形城市

1882年西班牙工程师索里亚·伊·马塔（Arturo Soria Y Mata）在马德里出版的《进步》杂志上，发表了他的带形城市（Linear City）设想，使城市沿一条高速度、高运量的轴线向前发展。他认为那种传统的从核心向外一圈圈扩展的城市形态已经过时。它会使城市拥挤、卫生恶化。在新的集约运输形式的影响下，城市将发展成带形的。城市发展依赖交通运输线呈带状延伸，可将原有城镇联系起来，组成城市的网络。不仅使城市居民容易接近自然，又能将文明的设施带到乡间。他于1882年在西班牙马德里外围建设了一个4.8千米长的带形城市（图2-94、图2-95），后于1892年又在马德里周围设计了一条有轨交通线路，联系两个原有城镇，构成一个长58千米的马蹄状的带形城市（图2-96）。1909年将原于1901年建成的铁路改为电车。1912年有居民2000人。

带形城市的理论是：城市应有一条宽阔的道路作为脊椎，城市宽度应有限制，但城市长度可以无限。沿道路脊椎可布置一条或多条电气铁路运输线，可铺设供水、供电等各种地下工程管线。最理想的方案是沿道路两边进行建设，城市宽度500米，城市长度无限。他认为带形城市可以横跨欧洲，从西班牙的加的斯（Cadiz）延伸到俄国的彼得堡，总长度2880千米。如果从一个或若干个原有城市作多方延伸，可形成三角形网络系统。

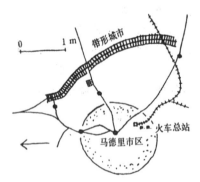

图2-94　马塔在马德里外围建成的4.8千米带形城市

图2-95　马塔的带形城市方案

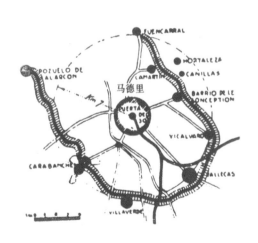

图2-96　马塔在马德里周围规划的马蹄形带状城市方案

"带形城市"理论对以后城市分散主义有一定的影响。苏联进行过带形城市的探讨。20世纪40年代希尔勃赛玛（Hilberseimer）等人提出的带形工业城市理论也是这个理论的发展。由现代建筑研究会（MARS）的一组建筑师所制的著名的伦敦规划（1943）采取了这种形式。此外，作为这种形式的变种，（第二次世界大战）战后在哥本哈根（1948）、华盛顿（1961）、巴黎（1965）和斯德哥尔摩

（1966）的规划中都出现过。从华盛顿与巴黎都证明，在面临私有经济者企图在指状或轴线式布局的中间空隙地带进行建设的情况下，这种规划是很难保持住的。

五、美国开展保护自然、建设绿地与公园系统的运动

19世纪当一些先驱者看到利用现代技术改造城市的可能性时，也有另一些先驱者看到技术给城市带来的灾难，思考着如何保护大自然和充分利用土地资源的问题。这种思想和理论对城市规划产生了重要影响。美国人马尔什（G. P. March）从认真的观察和研究中看到了人与自然、动物与植物之间相互依存的关系。主张人与自然要正确地合作。他的理论在美国得到了重视。在美国很多城市中开展了保护自然、建设公园系统的运动。在实践中做出重要贡献的是奥姆斯特（德）（F. L. Olmsted）。他于1859年获纽约中央公园设计竞赛奖。以后又设计了旧金山、勃法罗（布法罗）、底特律、芝加哥、波士顿、蒙特利尔等城市的公园。1870年他写了《公园与城市扩建》一书，提出城市要有足够的呼吸空间，要为后人考虑，城市要不断更新和为全体居民服务的思想。在他的影响下，美国的好多城市做出了城市公共绿地的规划。欧洲大陆如德国、法国也广泛接受了他的理论，推广了城市公共绿地的建设工作。

（原载《外国城市建设史》，中国建筑工业出版社，1989年）

第二篇　他山之石，可以攻玉

第三篇　追忆沈玉麟先生

1. 缅怀德高望重的沈玉麟先生

魏挹澧

我于1954年考入天津大学，就读于建筑系建筑学专业。第一次见到沈玉麟先生，是聆听他教授的"城市规划原理"课程。他是我们城市规划学科的启蒙恩师，后来到了三、四年级又得知沈玉麟先生要将我们班作为"城市规划专门化"培养方向的试点，为成立城市规划专业打基础。四年级结束后，我被提前调去同济大学，进修城市规划专业。自此我便与沈玉麟先生结下了不解之缘，跟随他的脚步一路走来，是他创建城市规划专业的亲历者，至今仍记忆犹新（图3-1）。天津大学和建筑系的确立，当溯源于

图3-1　1951年北京铁道管理学院部分师生合影：从后面数第二排左四为担任该校教师时的沈玉麟先生

1952年全国高等院系的大调整，当时，徐中先生受邀从唐山工学院来到天津大学，作为天津大学建筑系的创始人，他后来又逐渐聘来几位有深厚学术造诣、年富力强的教师，其中沈玉麟先生就是1949年前后为数不多的拥有建筑学和城市规划双硕士学位的海归才俊。还有卢绳先生、杨化光先生、冯建逵先生等，他们共同组成了建筑系的骨干教师队伍，使我们很快跻身于国内四大院校行列。

当时清华大学、同济大学、南京工学院（今东南大学）和天津大学，沿袭1949年前中央大学等院校的专业设置，都首先设置了建筑学专业，被业内人士称为建筑四大院校。城市规划专业是新生事物，它的创立有一个过程。悉数四大院校，清华大学虽是国家重点大学，但建立城市规划专业、招收大学本科学生较晚，带头人有朱自煊、朱畅中两位先生。东南大学设立城市规划专业也较晚，带头人有王建国、段进等老师。同济大学由于1949年后提倡学习苏联，经院系调整后，由原来的综合性大学改为专属土木、建筑、城市各类学科及专业较为齐全的大学。同济大学属德语系院校，历史上与德国高校交流较多，早期留学德国的金经昌先生，经院系调整后领衔成立了城市建设与经营专业。天津大学建筑系在沈玉麟先生的倡导与推动下，于20世纪60年代初率先设立了城市规划专业（设教研室）。四大院校对我国城市规划学科的确立和发展做出了重要的贡献。同济大学金经昌和天津大学沈玉麟两位先生是我国第一代城市规划学人，是老一辈城市规划宗师，可谓南金（经昌）北沈（玉麟）。

沈玉麟先生归国后不久受聘于天津大学，作为天津大学城市规划学科、专业的创始人，参与组建天津大学建筑系，当时正值新中国成立之初，百废待兴，国家建设需要大量的城市规划和建筑的专业人才。沈玉麟先生将自己留学美国所学到的西方城市规划理论体系和实践经验，结合中国实际国情，建立了城市规划学科与专业，以及城市规划教学体系。他一直思路清晰，锲而不舍，逐步推进，我跟随沈玉麟先生见证了全过程。城市规划专业没有可参照的先例，只有摸索前行。先是从1957年、1958年两届本科毕业班的毕业设计中，分出一个组作城市规划的课题设计，继而沈玉麟先生在1954年的入学班（1959年毕业）中明确提出创立"城市规划专门化"，为建立城市规划专业打基础。所谓城市规划专门化，即在大学五年制的最后一个学期，成立城市规划专门化组，补充教授城市规划相关门类的课程，至毕业设计时选取城市规划课题。专门化的毕业生，按当时国家统一分配的制度，分配至国家、省、市的规划部门或相关的设计研究机构工作。

　　沈玉麟先生的终极目标，是要成立城市规划专业。他首先提出了"城市规划"概念，并认为建筑学专业、城市规划专业之于建筑系都是很重要的，这也是从我国广泛开展社会主义建设的实际需要出发的。这一观点和实践影响了我国之后的同类建筑院校的学科建设和专业设置模式，即先创建建筑学、城市规划专业，之后按需要和可能再发展其他专业，如环境艺术专业、风景园林专业，有的院校还设立了工业设计专业。

　　设立专业之后，由于无案可考，前行中面临重重困难和问题。首先规划学科师资不足是一个棘手的问题。当时采取自力更生的措施，一方面派青年教师外出进修，另一方面通过招收研究生培养青年教师。

　　1958年夏，我和另外一位同学在四年级结束后，被提前一年调出，去同济大学进修城市规划专业，记得临行前是沈玉麟先生和我们谈话作了交代，去同济大学建筑系主听东德专家雷台尔教授讲授区域规划，同时进修城市规划相关课程，并做了详细计划安排。1959年8月我返校后不久，沈玉麟先生又安排我赴重庆参加建设部建筑研究院规划组（由张静娴、闵风奎带领），做重庆地区区域规划。后来他又与校系多方协调，从建筑设计教研室调来方咸孚、荆其敏老师，由同济大学城市建设与经营专业分配来王继忠老师，以及通过撤销工业建筑教研室、校行政专业归队，又争取到了几位教师。至20世纪60年代初成立规划专业时，城市规划教研室扩充了十几位教师，已经初具规模。

　　在天津大学招收研究生培养青年教师时，使我感到欣慰的是，我有幸成为沈玉麟先生的第一位研究生，自此我有更多机会当面聆听先生的教导。那时研究生少，沈玉麟先生门下只有我一个研究生，他竟也拟定了严谨周密的教学计划，设置了多门规划课程，每每我都是"吃小灶"，先生只面对我一个人授课，后来有的年轻教师得知后，也前来听课。课前他都会发一个手写的提纲，并列出参考文献和书籍，有时还特别标注"必读"二字。我的研究生毕业课题，经沈玉麟先生多方了解，精心安排选取了北京金鱼池棚户区改造工程。我持沈玉麟先生写的亲笔介绍信，找到北京市建筑设计院的陆仓贤总工，如愿地成为金鱼池棚户区改造工程组成员。金鱼池地区就是著名的作家老舍笔下的"龙须沟"地区。该工程是当时北京市的重点工程，国内只有北京、上海（上海是在一个被城市交通所包围的三角形地带的棚户区进行的）率先开展了城市棚户区改造，有着示范作用。因为不是在平地上做规划，所以在调查研究中需要花费很多时间和精力。针对每一个片区和每一户，除了需要摸清硬件状况、制作表格、登记造册之外，还要对居民的经济、人口结构，以及人们对新生活的愿景等进行了解，一项也不能少。其间沈玉麟先生来北京开会，他抽空下到金鱼池改造现场，体验了解情况，北京市院工程组组长华亦增主任工程师很重视，为沈玉麟先生召开了一个现场座谈会，先生专注倾听，择时提问，最后坦诚地提出建议。在沈玉麟先生的悉心指导下，我既有理论论述，又有工程设计的研究课题，便顺利通过了答辩，于1963年研究生毕业（图3-2）。因为那时国家还没有学位委员会，所以那时的研究生只有毕业证书，没有学位证书。

图3-2　由沈玉麟先生指导、天津大学建筑系城市规划方向第一位硕士——魏挹澧先生的毕业证

　　通过外派进修、自行培养研究生等外引、内生、校系多方协调等措施，改变了天津大学师资不足的现状，使教师队伍初具规模（图3-3）。紧接着沈玉麟先生又开始关注教师的研究方向，在他的引导和调整下，教师的研究方向从单一变为综合而多向。为拓展专业领域，他还鼓励引导

图3-3　20世纪80年代初天津大学建筑系教师在九楼行政楼前合影（第一排左四起分别为魏挹澧、张文忠、冯建逵；第一排右一起分别为胡德君、周祖奭；第二排左三为沈玉麟先生）

大家开设新课程，多开课。沈玉麟先生身先士卒开设了多门课程，有城市规划原理、城市设计、外国城市建设史、道路交通设计、绿化与造园设计、建筑群与外部空间设计等。在当时几乎没有相关的参考书目的情况下，沈玉麟先生翻阅了多部外文原著文献，将城市建设史的论述与社会史、政治史、哲学艺术史相结合，自觉践行马克思主义唯物史观，写出《外国城市建设史》。该书具有结构缜密、内容广博、视角多元、分析深入的特点，是我国城市规划领域的经典之作，1991年首版后，获国家教委全国优秀奖、建设部优秀教材一等奖。综上可见，沈玉麟先生在兢兢业业、百折不挠地践行着他的理想，即创造符合中国实际国情的城市规划学科、专业及城市规划教学体系。他不但给予我们专业引导，也给予我们为人做事的教诲，如春风雨露，滋润了我们的学识修养。

　　沈玉麟先生满腹经纶，但不喜言表，他极少参与行政事务，却于学术领域游刃有余（图3-4）。作为城市规划专家，他在天津大学的学术头衔也有很多。因此，他多次去境外参加学术会议时，都注意吸收国外城市规划的先进理论和实践经验，并为我所用；同时他还将我国的城市规划发展经验介绍

图3-4 1998年规划系教师沈玉麟、荆其敏、魏挹澧等参加天津大学建筑学院主办的建筑与文化学术研讨会

给国外同行。沈玉麟先生还经常被邀请参加国家级、天津市的学术会议，以及重要的规划建设项目的评审会，他总是直言不讳地发表自己的意见。一次沈玉麟先生被邀参加天津拖拉机厂规划的论证会，当时该厂作为国家重点建设项目，落户天津，似已为定局。当时还发起了天津拖拉机厂居住区设计竞赛，居住区用地就逾百公顷，其工厂的产能规模可见一斑。沈玉麟先生从平战结合的观点，提出了对选址的反对意见，这在那个年代，是要具有一定勇气的，沈玉麟先生可谓敢言敢当，尽显学者风骨。

沈玉麟先生爱国敬业，忠诚于教育事业。他从教60余载，竭尽全力地耕耘在教育战线上，勤勤恳恳、孜孜不倦、心无旁骛地把全部精力投入教育事业之中，这已经成为他生活的主题和生命的一部分，并以求真务实的治学精神和工作态度取得了优异的成绩。正如他谦逊的表述一样："我一生的主要工作是在教学战线上，竭尽全力地搞好教学工作，为培养新一代又红又专、热爱祖国、热爱人民、热爱全人类进步事业的社会主义接班人，认真地做好一个社会主义国家人民教师应该做的工作。"先生献身于教育事业，高风亮节，令我们肃然起敬。

沈玉麟先生平易近人、朴实无华、行事低调，这是先生的人格魅力。他注意对青年教师的培养，每当青年教师去他家登门求教时，他总是热心接待，尽心指导，每次离去时他都要送至楼下，似谈话未尽，再三叮嘱。先生家住天津大学六村大院楼的顶楼，起初大家都过意不去，再三请他止步，时间长了便也习以为常，转而更因先生的德行和他尊重他人的品格而对先生产生敬意。沈玉麟先生平时着装朴素随性，即便是参加外事活动抑或是出国参加学术会议，也只是穿那几件西服。有一次，沈玉麟先生去深圳参加学术会议，与会时他仍然提着多年来使用的一个手提包，这是一个塑料材料的制品，黑色横长方形，上面有个拉链，表皮塑料已脱落。深圳有很多天津大学的毕业生，他们在那里创业工作，只要有老师去深圳，他们都要约老师相见，汇报他们的工作生活，关心学校发展，请教专业上的问题，欢聚一堂，其乐融融。有一次同学们经商议，送给沈玉麟先生一个当时较新潮的多用途黑色公文包。这一情景看似平常，但同学们像对待老父亲一样的师生情感人至深。

沈玉麟先生离开我们近十个年头了，在他100周年诞辰之际，谨以此文表达怀念之情。先生有丰厚的学养和崇高的精神世界，是我们学习的榜样，将永远留在我们的记忆里！

2. 扶持学子，不遗余力
——纪念恩师沈玉麟先生100周年诞辰

邹德侬

我校（天津大学）1957级建筑学专业的外国建筑史课程，有两位杰出的老师，一位是教古代部分的卢绳先生，他边讲边在黑板上精准而快速地画出建筑图像，成为许多学生做笔记时追逐的范本；另一位是教现代部分的沈玉麟先生（图3-5~图3-8），他用一些生动的实例，介绍了欧美现代建筑大师的有趣作品。这两位老师的外国建筑史课程，激起了我对外国建筑的终生兴趣，尤其是沈玉麟先生，我在校5年，离校17年，返校后又35年，其间，他始终扶持我对现代建筑的学习研究，成为我须臾不可离的导师。

图3-5　沈玉麟先生

我上学那些年的学习环境，如今的学子无法想象。发源于资本主义国家的外国现代建筑课程，一直没有教材，复习全凭上课时的笔记。为了得到完整的课程记录，我突发奇想，想去借沈玉麟先生的讲稿来抄。在一次下课后，我跑到讲台上找沈玉麟先生，恳求借讲稿抄写，他竟然痛快地答应了我。此后，每每下课，我都去借沈玉麟先生的讲稿，直到课程结束。我那密密麻麻的抄写笔记本，一直保存至今，成为永久的纪念（图3-9）。

我和沈玉麟先生更密切的接触，是在他为我们翻译小组的同学校稿的时候。我的同窗顾孟潮同学在班上组织了一个翻译小组，翻译苏联建筑科学院编辑出版的学术专著《建筑构图概论》，它讲述的是建筑学学子最为基础的建筑美学知识，当时国内没有如此专门、如此规模的著述。对我来说，一看到书名就喜欢上了这本书。

我被分配翻译"体量与空间的组合"一章，完成部分译文时，孟潮兄还组织大家讨论，很吸引人。我的那一章好像比较长，请沈玉麟先生给我阅稿，他阅览后招我去听意见，旁边或许还有别的同学。那时没有电脑，他翻着厚厚的一沓稿纸，先对整体表示肯定。当沈玉麟先生对着他的记录，把稿件中的错误和不当一一详细解释时，问题之多，听得我脸红心跳，不能安坐。多年之后，我在审阅我的硕士研究生"专业外语"作业时，还在努力想象，当年我这个本科生交给沈玉麟先生的译稿，会有多么不堪，想必我那些译稿，花费了沈玉麟先生不少的精力，先生必定是怀着扶持学子跌跌撞撞学步的心态看完的。

1962年，我毕业分配至著名的青岛铁道部四方机车车辆工厂，那是交通大学毕业生的天堂，却是建筑学专业毕业生的异乡。我在工厂当了一名火车厢设计的"美工"，专管火车上可见零部件的外观设计，彻底脱离了我的建筑学专业及同行的活动。我在孤独之中，时常念及母校和老师，每出差至

图3-6　沈玉麟先生访美期间在纽约

图3-7　沈玉麟先生访美期间考察流水别墅

图3-8　讲学中的沈玉麟先生

北京，总要借铁路"免票"之便，去天津看望几位老师，沈玉麟先生是我常去看望的老师之一，有时恰逢中午饭点，沈玉麟先生的母亲就给我下鸡蛋挂面吃，既方便，又快速，更算得上是美餐。这在当年，几乎是我们师生之间的常规待客之道。

后来，工厂经过改革，有些人进入了一个"逍遥期"，上班时间竟然有人偷偷打扑克、打家具件零件之类。我不谙此道，找出多年前的俄文《建筑构图概论》的译稿阅读，并送给陈公看。

陈公伯涵先生，曾是我在基建、设备科时的顶头上司科长，他是西南联大机械系毕业，是厂里仅有的"民主人士中层干部"。陈公说："今后苏联的资料越来越少，俄文恐怕很难派上用场，我建议你学学英文。"陈公鼓励我自学英语的事儿，我已经在不同场合用文字叙述（参见敝公众号"邹德侬"中的文章《四方机厂师友多》《形式美和建筑形式美原则的故事》等）。陈公鼓励我学习英文的成果，是我在1977年完成了《建筑形式美的原则》译稿，并以《建筑美学》的名义，自己刻版、油印、装订成15册（图3-10）。这是译自美国哥伦比亚大学建筑学院的基本教学参考书《二十世纪建筑的功能和形式》中的《构图原理》卷，我把这个稿件寄给了恩师沈玉麟先生。

沈玉麟先生回我了一封长信，先肯定了我自学英文不易，并称赞译文可信，语言也通顺，我深知先生的用意在于鼓励。但他也含蓄地指出我需要避免的问题。他说，搞翻译不但要求英文正确，汉语水平也要跟得上。既不能生涩难读，也不能过于口语化，失去文采。他的谆谆教诲，经常在我的心中回旋，成为我日后同类工作的警示。他的信件，无疑增强了

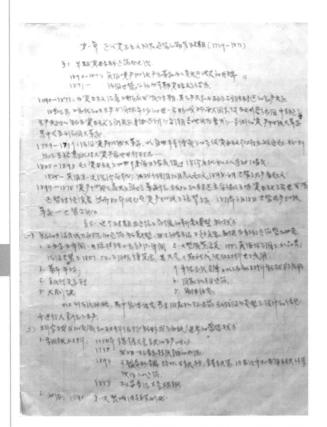

图3-9　外国现代建筑史的课堂笔记，抄录自沈玉麟先生的讲稿

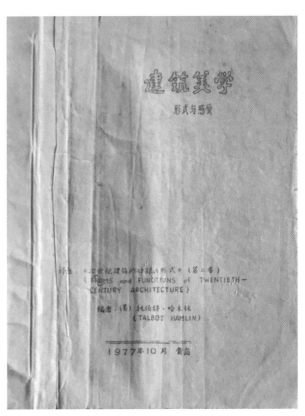

图3-10　邹德侬刻版、油印的《建筑美学》（《建筑形式美的原则》）

我对这篇译文的信心。由于译文经过陈公和沈玉麟先生的校正，我的胆子就壮大起来，萌生了向出版社投稿的想法。1978年，出版社经过与同时投去的南工版《建筑构图原理》译稿比较，最终采用了我的译稿。对我来说，这是一件一辈子难得的大喜事，也是一种特殊的幸运。一个机械工厂的小小技术员，怎么轮也轮不到我出版译著。之所以出现这种状况，可能是因为在十年岁月里，没有高考招生，更没有相应的毕业生；同时，我国高校自20世纪50年代初，就把俄语定为第一外语，直到1977年。我们这代人，普遍缺少英语教学，所以有许多人在后来学习英语，我的这类稿件，实为补漏性质的。译稿全仗沈玉麟先生作为"校核"的全面护航，才有可能达到标准。1980年，取名为《建筑形式美的原则》的译著出版了，它是改革开放之初最早出版的建筑构图参考书之一（图3-11）。

1979年4月，在恩师张蒨苓及学校设计院的操办下，我终于归队建筑学，在天津大学建筑设计研究院，我一边做设计，一边"恶补"自认为这些年落下的现代外国建筑史知识。建筑系独立后的资料室，内中的书籍报刊，依然琳琅满目。我翻阅了所有名字中带"现代"一词的书本，如现代建筑、现代艺术、现代家具、现代园林或现代景观之类的书。我也找到了沈玉麟先生推荐给我的那本著名的本奈沃罗著的《西方现代建筑史》，吴焕加先生来天津讲学时也推荐过这本著作，他还说了访意期间误闯别家本奈沃罗公司的笑话。上述重要著作，如阿纳森著的《西方现代艺术史》（图3-12）、本奈沃罗著的《西方现代建筑史》（图3-13）等著作，我都毫不犹豫地整本复印下来，其中阿纳森的《西方现代艺术史》，我是迫不及待地边阅读，边做中文阅读笔记。

图3-11　1980年由中国建筑工业出版社出版的《建筑形式美的原则》，由沈玉麟先生校核

图3-12　阿纳森原著《西方现代艺术史》译本

图3-13　本奈沃罗原著《西方现代建筑史》译本，沈玉麟先生等推荐

　　天津美术出版社的杂志和画册，要介绍吴冠中先生的作品，吴先生让我各写一篇文章。出版社编辑车永仁先生，来我家商量稿件，他被我正在阅读的阿纳森的《西方现代艺术史》所吸引。那是一部以绘画、雕塑和建筑三大部分分叙，又把三者整合在"现代运动"之下的艺术史书，资料之详尽，如一部艺术史词典。作者阿纳森，是第二次世界大战时美国的随军艺术官员，他在欧洲博物馆里，得天独厚地饱览重要的世界艺术藏品，他的论述所及，多是第一手材料。车先生问我这部艺术史能不能翻译出版，我脱口说"能"。

　　岂不知，这是一个多么轻率的脱口而出的"能"啊！这部艺术史可不像《建筑形式美的原则》或《建筑：形式、空间和秩序》那样，是字少图多的读本，它足足有5厘米厚，700多页。文本中除英语外，还有不少欧洲多国的语言；内容中，有从未听到的艺术历史事件，还有一些令人不解的现代艺术的奇奇怪怪的活动等。当时，我答应"能"，仅仅认为这是一部极好的艺术史，此书连日本都有译本，中文不该缺位；我也知道其中语言的难度，但我不担心，因为有沈玉麟先生（图3-14、图3-15）当靠山。

　　可是，真要翻译起来，犹如雾夜走曲径，正像鲁迅所云，身处"字典不离手，冷汗不离身"的窘状。当然，字典、手册能够买的尽量买齐。但后来才发现，买了日文字典，也无法查出英语中的日语，这只能找日文老师了，曾留学日本丹下健三事务所的马国馨先生，就是我常请教的老师；大量的法文问题，我就去请教吴冠中先生，他是留学法国的学者，也是翻译此书的坚定支持者，出版时，他还为译本写了序言（参见拙著《看日出：吴冠中老师66封信中的世界》）。当然，麻烦得最多的，还是沈玉麟先生。先生就在眼前，遇事抬腿就可以去找他。找得频繁，问得麻烦，绝对已经成为沈玉麟先生的负担。但此书受欢迎的程度出乎所有人预料。刚刚印好的第一版4000册，还没有运到天津，书就已经卖完了。

图3-14　1999年沈玉麟先生78岁生日　　　　图3-15　沈玉麟先生主持博士生答辩

　　早在1982年，一个偶然的机会，我被指派参加大百科全书的大型条目"中国现代建筑设计"的研究的任务。时任建设部设计局长的龚德顺先生直接立项并负责此条目，技术处的窦以德先生和我（天津大学的项目参加者）负责做具体工作。当时，我刚回母校天津大学不久，正在"恶补"自认为缺失的西方现代建筑和现代艺术史知识，对窗外这些灰头土脸的建筑并无兴趣，只是听说有机会全国参观，才有点积极。

　　中国现代建筑研究和外国现代建筑学习，时常促使我思考一个既简单又基本的问题：中外现代建筑之间有什么关系，该不该同时并举？我一时想不出答案，这个问题困扰了很久。在多次请教沈玉麟先生的过程中，他实际上给了我一个明确的答案：外国现代建筑应该是中国现代建筑的发展背景，中国现代建筑应该是国际现代建筑的一部分。这个答案不论在当时的社会环境，还是在我基本的知识结构中，都很难明确认识。处于不同阵营的中美两国，关系复杂而又微妙，很难想象我国的现代建筑，会成为发源于欧美的现代建筑的一部分。

　　通过对全国1949年以前中国近代建筑的考察，以及老一辈建筑师的描述，我逐渐得知，早在1949年前之前，国际现代建筑的思想和实践就已在我国立足了，我国老一辈建筑师，既能把传统大屋顶做得地道，也能把外国的方盒子做得规矩，而且国际现代建筑的思想和实践，在1949年以后得以传承。

　　随着对国际现代建筑的学习和调研，逐渐了解到它对我国的影响，既广泛又具体。欧洲前现代建筑现象，如"新艺术运动""工艺美术运动""国际风格"等，都可以在中国的许多城市找到例证。但这一切是在我之后的阅读和观察对照后才领悟到的。早在20世纪初，俄罗斯就成功地发展出了以"构成主义"为代表的新艺术。后来，受俄罗斯复古主义的影响，中国也掀起了以大屋顶为代表的"复古主义"。

　　在数十年的研究中，我逐渐理解并得益于沈玉麟先生的提示，他的提示看似简单，实则深远，只有像沈玉麟先生那样对世界现代建筑有深刻认识，又亲历过中国现代建筑进程的人，才能直言二者的关系。不把世界的进展当作中国的背景，不把中国当作世界的一部分，就无法从总体上、本质上去认识中国建筑的发展。在某个阶段对建筑所做的基于意识形态的解释，不会成为建筑的基本属性。认识到这点，不但需要知识的积累，也需要在学术思想方面的勇气。我的研究成果《中国现代建筑史》一书，如实地得益于这一认识。

近些年，许多教过我们的年长老师，都陆续离去，我们这些学生也已到了耄耋之年。老师们的离去，引起我的阵阵悲伤，但我却不愿去参加他们的追悼活动，最主要的原因，是为了在自己心目中保留老师曾在生活中给我留下的美好、生动形象。一想到沈玉麟先生，我脑海里就浮现出他早早来到研究生课堂，踏着板凳，在黑板上预先为学生抄好笔记重点，以及他声情并茂地授课的情形。想来，那时他有70岁了，竟然能轻松地站在板凳上写板书，那情景在我心中永不磨灭。沈玉麟先生天天按时练拳，身体一直很好，是他同龄者中最突出的一位。

3.忆跟随沈玉麟先生考察历史古迹的点点滴滴

戴月

我是 1982 年师从沈玉麟先生攻读城市规划与设计专业的，距今已过去将近40 年了，那时我刚刚从建筑学专业本科毕业，对城市规划知识有一些初步的了解。我在研究生学习期间，在沈玉麟先生和规划教研组各位老师的指导下，开始较为系统地学习城市规划学科知识。当时的教科书和学习资料并不十分丰富，但在短短的两年半的时间里，在沈玉麟先生的言传身教下，我受益匪浅。沈玉麟先生不仅教授课本知识，也十分重视实地考察和实践。20世纪80年代初期，对历史环境和历史城市的保护还处于探索阶段，大规模的旧城改造和开发建设还没有开始，许多历史城市和街巷保存相对完好，沈玉麟先生带领我们几个研究生先后考察了荆州古城、湘西的永顺县、吉首、凤凰古城、张家界、武当山、泉州古城等，还有新疆的喀什古城（因为当时条件艰苦，沈玉麟先生没有让女生参加）。考察途中有的是边考察边在现场做局部的保护规划方案，并与地方领导交流意见，有的是比较正式地完成一项规划设计任务，如泉州古城保护规划，我们不仅做了整体保护规划（图3-16），还做了市中心的重点街区保护规划，以及开元寺（图3-17）、清真寺（图3-18）的保护规划等。

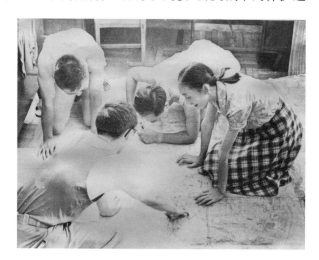

图3-16　在泉州规划现场，沈玉麟先生和我们在讨论方案。左起为吴唯佳、沈玉麟、戴月，背对者为杨昌鸣

每到一地，沈玉麟先生不仅会带领我们考察街巷和古建筑，还会带领我们体验当地的文化和风俗，参观保留传统工艺的工厂和作坊，帮我们初步建立规划设计与地方文脉传承紧密相关的规划理念。我们跟着沈玉麟先生漫步过泉州的十里长街，和当地居民一起听过地方戏曲，至今我对当地惠安女的特色装扮还有模糊的印象，现在想想，还满脑是一副副装满农产品的担子和她们头上戴的一串串颜色鲜艳的花。

图3-17　泉州开元寺保护规划鸟瞰图

图3-18　泉州艾苏哈卜清真寺保护规划效果图

图3-19　考察时拍摄的凤凰古城

图3-20　凤凰古城不同年代的石桥

图3-21　走在凤凰古城的石桥上

我们还跟着沈玉麟先生踏着凤凰古城（图3-19）的石板路逛路边小店，旧的中国唱片总公司发行的古典音乐黑胶唱片才五毛钱一张。那时候的凤凰古城（图3-20、图3-21）还是沈从文笔下边城古朴的模样，唯一一个条件好一点的旅馆只有几个房间，在我住的一个小旅馆，早上起来刷牙都是站在街边的水沟旁。沈玉麟先生带我们到一个家乡在凤凰古城的老朋友家做客，家里厅堂中央是带洞洞的石板，下面烧着灶火，上面烧水做饭，古城的居民一直保持着这种传统的生活方式。

沈玉麟先生带我们登武当山金顶的时候，选择走已经废弃不用的古道，当时有戴慎志老师和我们一起登山。那时候沈玉麟先生有六十岁左右，我们每人一根手杖助力爬山，有些断掉的路段行走艰难，华镭和吴唯佳几个男生有的在上面拉着沈玉麟先生，有的在下面用手杖抵着沈玉麟先生的脚底当阶梯，我在后面帮沈玉麟先生提着布兜，就这样通过一个个断掉的路段。古道非常清净，石阶要陡一些，道路要窄一些，时不时要穿过一些古桥，边走边想象着古人当时的登山情景，看着远处游客如织的登山新步道，我们沿着古道上山别有一番体验。

沈玉麟先生还带我们去了张家界，当时的风景区刚刚起步，唯一一条进山的汽车路正在修建，到达风景区要步行10多千米山路，要穿过一片片竹林，渴了喝路边的山泉水，我们走到景区时天已经黑了。那时景区里有一个国有农场，农场到了晚上还在礼堂里放电影，有一家招待所可以提供住宿。由于修路，没有什么客人，好像只有我们几个人住在那里。第二天早上我们去了著名的金鞭溪，溪水很宽，流动得很快，溪边有许多蝴蝶飞舞，清晨的阳光透过两岸参天大树照进来，那感觉像是来到了仙境。

如今翻看这些老照片，仿佛又看到了沈玉麟先生带领我们跋山涉水的情景，那逝去的景物、逝去的人，留给我的是珍贵的回忆，永远的怀念（图3-22~图3-27）。

（文中引用的照片和图纸有的是我拍摄和绘制的，有的则是同行的同学拍摄和绘制的，具体是谁已经记不清了，在此一并感谢！）

图3-22　在沈玉麟先生的朋友家做客（第一排左起第二位起为覃力、沈玉麟、沈玉麟先生的朋友；后排左起为吴唯佳、戴月，右一为华镭）

图3-23　考察途中（左起为戴月、覃力、华镭、沈玉麟、吴唯佳）

图3-24　在永顺县做规划，与当地同志合影（左一为吴唯佳，左二为华镭，右一为戴月）

图3-25　在武当山的合影（第一排左五为沈玉麟先生，右一为戴月；后排右起为覃力、吴唯佳、戴慎志，其余为当地的同志）

图3-26　华镭在过金鞭溪的木桥

图3-27　华镭在溪边森林中感受阳光

4. 永远的怀念：记跟随沈玉麟先生学习生活的几件事

吴唯佳

我对沈玉麟先生最早有深刻印象的是在大三的城市设计课上。课堂上，沈玉麟先生给我们班年龄最小的赵兵作示范，用炭笔画了个大大的"S"，类似于美国绿带新城，把他的手指弄得漆黑。同学们都睁大了眼睛，笑了出来。我心想这也太狂放不羁了。之后成了沈玉麟先生的硕士研究生，那段时间，隔不了几天，总要被叫去沈玉麟先生家，我因此认识了沈玉麟先生的爱人和他那几间屋子。虽说是他的房间，布局却有点放荡不羁，无法让人将它与他这样博览群书的人对应起来，或许这就是他人生的真实写照吧，对学术抱有热切的渴望，对生活则不那么追求。

我考上研究生那年，建筑系的硕士研究生数量总体不多。我这一届，规划系就我一个人。虽与上届沈玉麟先生的学生戴月和华镭只差半年，但沈玉麟先生的城市历史课，他们都已经上完。沈玉麟先生与我商量，说即使就我一个人，也不能耽误，也要及时把课上了。因为就我一个学生，他不再麻烦系里要上课教室，就利用他爱人所在的化工系实验室的晚间空档来上课。我很是感动，就在那个化学试剂味道弥漫的实验室里，一上就是整整一个学期。沈玉麟先生把他的幻灯机放在实验桌上，四处都是化学实验的瓶瓶罐罐，面对一侧白墙的幻灯机投影，沈玉麟先生就开讲了，一堂课也不落。课间休息的时候，他还与我聊聊天。通过这些课，我了解了古希腊、古罗马城市的辉煌，也知道了巴黎、伦敦等工业革命后欧洲城市的创新。在清华念博士生后，吴良镛先生要我旁听他的历史课，说是对比一下。1993年我从德国回国，系里说，你上过沈玉麟先生的课，也听过吴良镛先生的课，得了真传，就来上历史课吧！最初几年陈宝荣先生帮着我，她负责讲1949年以后的规划课程，我与她合着上了几年历史课。城市历史课也是我与沈玉麟先生和吴良镛先生，以及天津大学和清华大学的一个情缘交织。

研究生一年级的春季学期里，沈玉麟先生提出了一个新疆喀什名城保护的规划课题。我与沈玉麟先生、李雄飞老师、华镭等去了一趟新疆喀什，花了一个多月。就这样我第一次认识到了祖国的辽阔。路上从乌鲁木齐坐飞机去喀什，逗留了几天，拜访了沈玉麟先生的几位老朋友，看了下天山（图3-28），返程的时候参观了吐鲁番、交河古城和敦煌。这才知道沈玉麟先生喜欢旅游，喜欢文化底蕴深厚的历史城市。在喀什，住在招待所，由于当时的情况，深入调研有难度，即便如此，我们还是走访了喀什老城的维吾尔住区，参观了喀什巴扎、艾提尕尔清真寺、香妃墓等。因为我是新生，刚进入规划领域，所做的工作不多，只做了一个维吾尔新住区方案。这次，也让我更进一步认识了沈玉麟先生的宽容，因调研走访困难，要保护老城民居，需要做更具体的工作，这在当时是有难度的。沈玉麟先生、李雄飞老师和地方部门领导协商，商量做一个新住区规划，为老区居住解困，也算是对老城保护的一个贡献。

之后在研究生一年级暑假，我们又去了湘西永顺，做永顺规划，其间还去了凤凰、张家界等。在大山里头，连绵的山，崎岖的路，山里老百姓的甘贫，让我真正认识到山区普通百姓的日常生活。

研究生二年级的时候，沈玉麟先生又提出了泉州保护规划的课题。这次我们实地走访了泉州古城的每一个街坊（图3-29），参观了开元寺（图3-30），看到了方丈展示寺里收藏的老经本，调研了开元寺周边街区和清净寺，在很多个日日夜夜里，我们讨论研究如何保护泉州老城，最后决定加强鲤鱼城城垣的保护。这是除了古城内的文保单位、周边街区之外，最需要和最重要的保护措施之一。在回程的火车上，我们穿越了闽北的山山水水，心里很有感触，在沈玉麟先生的指导下上研究生课程，是学在祖国大地上，用脚丈量完成的，这是时代的幸运，也是沈玉麟先生的关爱，我们才有了这样的机遇。

之后到了硕士论文的选题阶段，沈玉麟先生极力要求做当时最前沿的课题。为此我在北京图书馆

图3-28　1983年新疆天山天池多人合照（左一为沈玉麟先生）

图3-29　沈玉麟先生带领部分学生进行泉州保护规划

图3-30　参观开元寺时与释眇道法师合影（右一为沈玉麟先生），泉州

查了两周的文献，经过分析，想从使用者的角度，对国外场所研究进展进行概括，以开展论文研究，总体说来也算是结合当时轰轰烈烈的社会文化研究的一个全新的角度。对此，沈玉麟先生非常支持，还特别引荐我参加当年城市规划学会在昆明召开的历史文化名城与居住区学术委员会学术会议。在会上我认识了清华大学的李德耀先生，她问我正在研究什么，我说了一下论文研究的情况，她很感兴趣。之后我来到清华大学，她还为此与吴良镛先生进行了沟通。论文写完后，沈玉麟先生很高兴，说他的《外国城市建设史》再版时，要把论文主要部分用到再版的教材里，我听了也很高兴。论文答辩时，老师们都很认真，提了很多问题。我当时年轻盛气，没见过这样的场面，搞得有点下不来台，之后沈玉麟先生一直安慰我。几年后，再版的《外国城市建设史》出版了，我一看，其中果然有我论文的部分内容，非常激动。当然我的论文真没有那么好，与书中沈玉麟先生的那些工作相比，我的研究差得真是有点远。我感谢沈玉麟先生那么任人不避嫌，推举年轻人。

答辩前，面临毕业后去那儿的问题，我对沈玉麟先生说，我还是想读博士。当时国内只有清华大学吴良镛先生能够带城市规划的博士生。沈玉麟先生告诉我说，在美国留学时他与吴先生有交集，回国后有许多工作联系。他也介绍了吴先生的为人。说有一次他因事来清华大学，吴先生亲自赶到校门口迎接他，这让沈玉麟先生记忆犹新，也很感激。他说，吴先生那儿没有问题，他来推荐。通过考试，我被清华大学录取了，成为当年清华大学建筑系唯一的博士研究生。可是问题接踵而来。当年清华大学博士研究生入学时间在来年春季，而我夏季就已毕业，中间有半年空档，无处可去。此时，也是沈玉麟先生和天津大学建筑系规划教研室伸出援助之手，留我在天津大学当助教。就这样，在我硕士研究生毕业后，又在天津大学当了半年的助教和本科班主任。

回忆起我学术生涯的早期经历，如果没有沈玉麟先生手把手地教我，从简单到复杂逐步地地引领我入门，以及之后的包容、推荐和帮助，真没有我的今天。值此写本文之际，我回忆起那段在天津大学的岁月，以及老师和同学，包括童鹤龄、方咸孚、荆其敏、聂兰生、张文忠、胡德君、章又新、陈瑜、李雄飞老师等，虽说有的已经过世，但在天津大学生活的日子里，我得到了他们的谆谆教诲和无私帮助，我将永远铭记在心。

5. 忆沈玉麟先生

王兴田

2021年是恩师沈玉麟先生100周年诞辰。

沈玉麟先生毕业于美国伊利诺伊大学，是1949年后第一批从美国留学归国的学者。回国后他本打算去清华大学梁思成先生处就职，由于个中原委，后来去了唐山铁道学院。1952年先生所在的院系被调整到天津大学，他在天津大学创办了中国建筑界第一个城市规划系和城市规划专业，成为中国城市规划和设计的开山鼻祖。

沈玉麟先生博闻多识，是业内非常受大家尊敬的大学问家。我读本科时所学的《外国城市建设史》就是他编著的。沈玉麟先生虽然是当时天津大学最年长的教授，但他思想前卫、高瞻远瞩，知识架构全面且不断求新，备受学生的喜爱。

我是沈玉麟先生在"文革"后的第三届研究生，后又留校与他同在城市规划与设计教研室工作，也算是先生的亲弟子，以及和他联系较多的学生之一。本科时我深受他渊博的学识和人格魅力的影响，在研究生阶段毅然师从他由建筑学转而学习城市设计。

沈玉麟先生的课程门门都是精品。当年我们无论研究生还是本科生，甚至一些其他专业的学生，都听过他的"建筑外部空间"课程。这门专业理论课并没有现成的教材，讲稿是沈玉麟先生根据自己的研究、考察、学习成果，以及从设计实践中提炼出来的内容编成的。讲的是站在城市设计的角度上对建筑外部空间的研究，即建筑、环境和人的关系论。沈玉麟先生用他的专业智慧，将国际最新的思潮加以过滤、萃取，并把行业最前沿的动态融入其中。课件是沈玉麟先生自己准备的幻灯片，图文并茂。因为那个年代的幻灯机比较老式，白天光线太亮，效果不好，只能在晚上上课，但每次上课教室里都坐得满满当当，沈玉麟先生兴奋得像个小孩一般，讲得出神入化，让枯燥的理论课变得如此生动有趣，直击学生的心灵！非常幸运，我当时作为沈玉麟先生的研究生，做了这门课的助理，每次上课前都为沈玉麟先生整理幻灯片，留下了第一手资料，并做了详尽的笔记，受益匪浅。

除了教书育人，沈玉麟先生还将他的学术积累运用于历史文化名城保护的理论研究和设计实践，倾注了大量的心血。当年在这个领域里很有研究的，南方有同济大学的阮仪三先生，北方就以沈玉麟先生为首。他牵头做泉州历史文化名城的保护工作（图3-31），提出要在对历史文化名城开展积极保护的同时，促进当地的生产、生活，并使之成为当代人能继续享受市井生活的可持续发展城市的理念，在当时的历史条件下，这是相当具有前瞻性的，可以说也为如今泉州成功列入《世界遗产名录》奠定了基础。沈玉麟先生的历史文化名城保护的观念，更多是从城镇空间的角度出发提出的。受先生历史文化名城保护思想的熏陶，我的硕士论文写的就是关于城镇空间与环境、城镇历史街区的研究。

曾家生(泉文管会)、许国维(泉州规划局)、邢文信(福建省城规局)泉州洛阳桥头 1982.
周处长、林文华(泉州规划局)、陈泰、庄耕生(首城造所)

图3-31 1982年天津大学建筑学院教师沈玉麟先生带领部分学生进行泉州保护规
划

在跟沈玉麟先生学习的整个过程中，他时常告诫我们：学术无止境，要深入钻研，建立起自己的认识架构，并常常质疑。要博览群书，但不能仅仅当作知识去理解，更多的是要独立思考，抱有自己的判断。对沈玉麟先生的这番教导，我从不甚理解到颇有心得，再到深以为然，伴随着我从学生到教师、从职业建筑师到再回校任教的多年生涯，这些年我也无数次地和我的学生、我的下属讲沈玉麟先生，传达先生的教诲。

沈玉麟先生做学问奉行读万卷书、行万里路之信条。早年间他主要利用寒暑假，坐着长途汽车去遍了美国东西南北中的各个名城名胜。在唐山铁道学院任教时，又坐火车几乎走遍了国内各地。在繁忙的工作中，他会挤出时间带领我们出去学习、考察或做项目。1983年他已经60多岁了，和我们一起去了湘西土家族苗族自治州，当时那里还是一片没被开发的荒野，我们是去做当地首府吉首的规划与洞河两岸风貌保护的。张家界峰峦重叠、山路崎岖，只开了一条一人宽的小路，左右都是悬崖陡壁。沈玉麟先生脖子上挂个照相机，撑着一根树枝当拐杖，也不看脚下，晃着走在我们前面。当时因为我个头最大，沈玉麟先生由我来负责照顾，我背上先生的包，拿着一些东西，一直紧跟在他后头，怕他摔倒。沈玉麟先生真是老骥伏枥，和我们一起一共走了12个小时才进了山。走着走着，前面又出现了一条河，河面上只露出几块石头，他立马坐在地上把鞋袜一脱，我穿着系带的鞋脱得慢，一抬头他已经开始过河了，我怕他出事赶紧跟上，果然石头非常滑，就见他脚一滑快要掉入水中，我一把抓住他的衣服把他"拎"了起来。有个同学竟拍下了这个瞬间，这张照片至今我还珍藏着（图3-32），成为我对先生永久回忆的一部分。

说到沈玉麟先生的人格魅力，首先就是他超乎寻常地平易近人。他不光对长者、平辈，对晚辈也用"您"来称呼，这种尊重和亲切让我们作为学生受宠若惊。沈玉麟先生的为人就如同他做学问的态度，谦恭虚己、纳善如流（图3-33、图3-34）。记得当年本科生谈恋爱被认为是浪费时间、不务正业，一旦被发现是要受到批评处分的，入党、评先进就基本不在考虑范围内了。沈玉麟先生作为学生辅导员可能也有些想法，他反过来向我这个研究生"请教"。我直言不讳，说年轻人应该有恋爱自

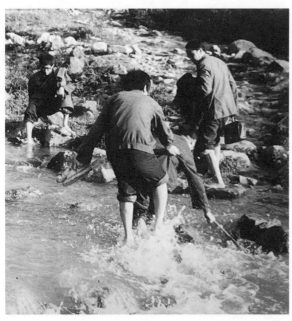

图3-32　年过花甲的沈玉麟先生徒步考察张家界时涉水的情景（1983年）

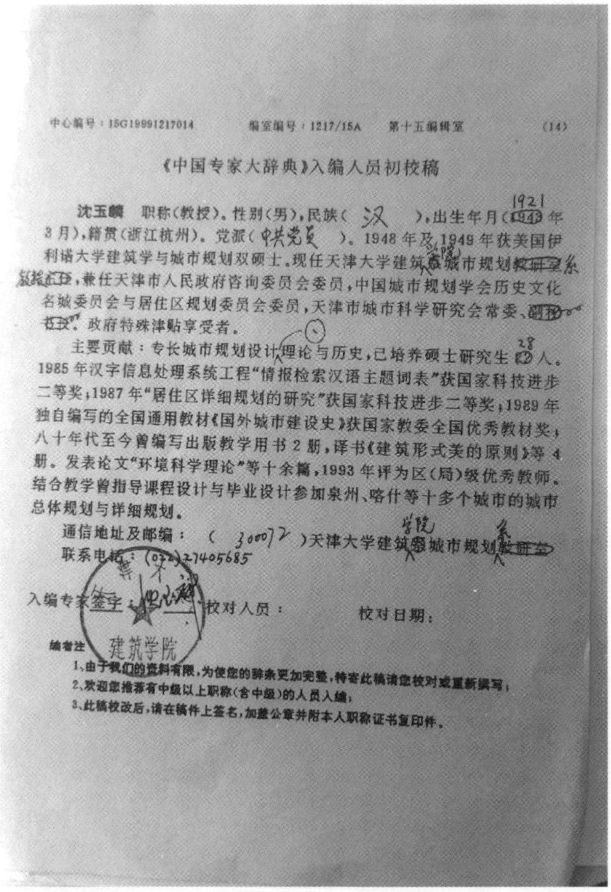

中心编号：15G19991217014　　编室编号：1217/15A　　第十五编辑室　　(14)

《中国专家大辞典》入编人员初校稿

沈玉麟　职称(教授)。性别(男)，民族(　汉　)，出生年月(1921年3月)，籍贯(浙江杭州)。党派(中共党员)。1948年及1949年获美国伊利诺大学建筑学与城市规划双硕士。现任天津大学建筑学院城市规划系教授，兼任天津市人民政府咨询委员会委员，中国城市规划学会历史文化名城委员会与居住区规划委员会委员，天津市城市科学研究会常委、政府特殊津贴享受者。

主要贡献：专长城市规划设计、理论与历史，已培养硕士研究生28人。1985年汉字信息处理系统工程“情报检索汉语主题词表”获国家科技进步二等奖；1987年“居住区详细规划的研究”获国家科技进步二等奖；1989年独自编写的全国通用教材《国外城市建设史》获国家教委全国优秀教材奖，八十年代至今曾编写出版教学用书2册，译书《建筑形式美的原则》等4册。发表论文“环境科学理论”等十余篇，1993年评为区(局)级优秀教师。结合教学曾指导课程设计与毕业设计参加泉州、喀什等十多个城市的城市总体规划与详细规划。

通信地址及邮编：(300072)天津大学建筑学院城市规划系

联系电话：(022)27405685

入编专家签字：　　校对人员：　　校对日期：

编者注

1、由于我们的资料有限，为使您的辞条更加完整，特寄此稿请您校对或重新撰写；

2、欢迎您推荐有中级以上职称(含中级)的人员入编；

3、此稿校改后，请在稿件上签名，加盖公章并附本人职称证书复印件。

图3-33　《中国专家大辞典》入编人员初校稿

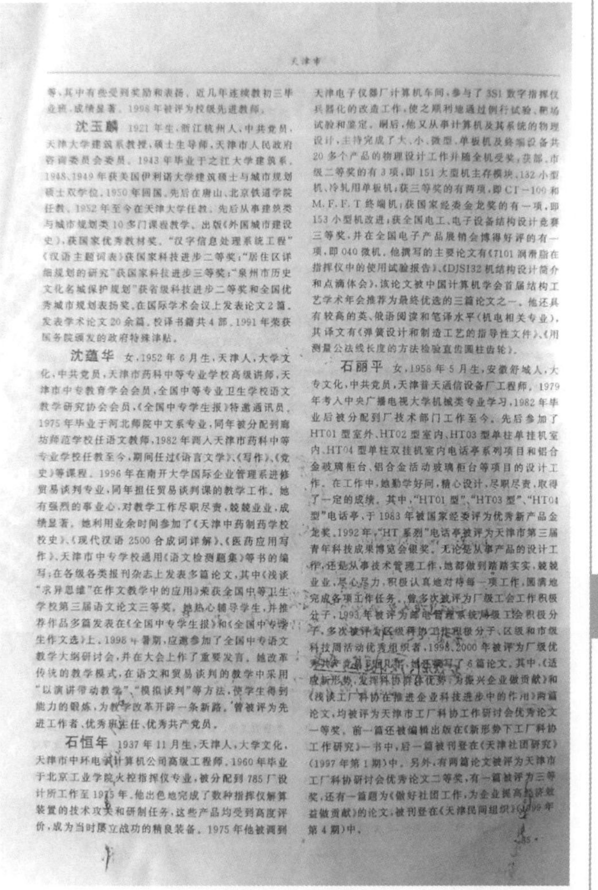

天津市

等，其中有些受到奖励和表扬。近几年连续教初三毕业班，成绩显著。1998年被评为校级先进教师。

沈玉麟　1921年生，浙江杭州人，中共党员，天津大学建筑系教授，硕士生导师，天津市人民政府咨询委员会委员。1943年毕业于之江大学建筑系，1948、1949年获美国伊利诺大学建筑硕士与城市规划硕士双学位，1950年回国。先后在唐山、北京铁道学院任教。1952年至今在天津大学任教。先后从事建筑类与城市规划类10多门课程教学。出版《外国城市建设史》，获国家优秀教材奖。“汉字信息处理系统工程”《汉语主题词表》获国家科技进步二等奖；“居住区详细规划的研究”获国家科技进步三等奖；“泉州市历史文化名城保护规划”获省级科技进步二等奖和全国优秀城市规划表扬奖。在国际学术会议上发表论文2篇，发表学术论文20余篇，校译书籍共4部。1991年荣获国务院颁发的政府特殊津贴。

沈蕴华　女，1952年6月生，天津人，大学文化，中共党员，天津市药科中等专业学校高级讲师，天津市中专教育学会会员，全国中等专业卫生学校语文教学研究协会会员，《全国中专学生报》特邀通讯员。1975年毕业于河北师院中文系专业，同年被分配到廊坊师范学校任语文教师，1982年调入天津市药科中等专业学校任教至今，期间任过《语言文学》、《写作》、《党史》等课程。1996年在南开大学国际企业管理系进修贸易谈判专业，同年担任贸易谈判课的教学工作。她有强烈的事业心，对教学工作尽职尽责，兢兢业业，成绩显著。她利用业余时间参加了《天津中药制药学校校史》、《现代汉语2500合成词详解》、《医药应用写作》、天津市中专学校通用《语文检测题集》等书的编写；在各级各类报刊杂志上发表多篇论文，其中《浅谈“求异思维”在作文教学中的应用》荣获全国中等卫生学校第三届语文论文三等奖。她热心辅导学生，并推荐作品多篇发表在《全国中专学生报》和《全国中专学生作文选》上。1996年暑期，应邀参加了全国中专语文教学大纲研讨会，并在大会上作了重要发言。她改革传统的教学模式，在语文和贸易谈判的教学中采用“以演讲带动教学”、“模拟谈判”等方法，使学生得到能力的锻炼，为教学改革开辟一条新路。曾被评为先进工作者、优秀班主任、优秀共产党员。

石恒年　1937年11月生，天津人，大学文化，天津市中环电讯计算机公司高级工程师。1960年毕业于北京工业学院火控指挥仪专业，被分配到785厂设计所工作至1975年。他出色地完成了数种指挥仪解算装置的技术攻关和研制任务，这些产品均受到高度评价，成为当时屡立战功的精良装备。1975年他被调到天津电子仪器厂计算机车间，参与了351数字指挥仪兵器化的改造工作，使之顺利地通过例行试验、靶场试验和鉴定。嗣后，他又从事计算机及其系统的物理设计，主持完成了大、小、微型、单板机及终端设备共20多个产品的物理设计工作并随全机受奖，获部、市级二等奖的有3项，即151大型机主存模块、132小型机、冷轧用单板机；获三等奖的有两项，即CT－100和M.F.F.T终端机；获国家经委金龙奖的有一项，即153小型机改进；获全国电工、电子设备结构设计竞赛三等奖，并在全国电子产品展销会博得好评的有一项，即040微机。他撰写的主要论文有《7101润滑脂在指挥仪中的使用试验报告》、《DJS132机结构设计简介和点滴体会》，该论文被中国计算机学会首届结构工艺学术年会推荐为最终优选的三篇论文之一。他还具有较高的英、俄语阅读和笔译水平(机电相关专业)，其译文有《弹簧设计和制造工艺的指导性文件》、《用测量公法线长度的方法检验直齿圆柱齿轮》。

石丽平　女，1956年5月生，安徽舒城人，大专文化，中共党员，天津普天通信设备厂工程师。1979年考入中央广播电视大学机械类专业学习，1982年毕业后被分配到厂技术部门工作至今。先后参加了HT01型室外、HT02型室内、HT03型单柱单挂机室内、HT04型单柱双挂机室内电话亭系列项目和铝合金玻璃柜台、铝合金活动玻璃柜台等项目的设计工作。在工作中，她勤学好问，精心设计，尽职尽责，取得了一定的成绩。其中，“HT01型”、“HT03型”、“HT04型”电话亭，于1983年被国家经委评为优秀新产品金龙奖，1992年，“HT系列”电话亭被评为天津市第三届青年科技成果博览会银奖。无论是从事产品的设计工作，还是从事技术管理工作，她都做到踏踏实实，兢兢业业，尽心尽力，积极认真地对待每一项工作，圆满地完成各项工作任务。曾多次被评为厂级工会工作积极分子，1993年被评为邮电管理系统局级工会积极分子，多次被评为区级科协工作积极分子、区级和市级科技周活动优秀组织者，1998、2000年被评为厂级优[illegible]了6篇论文。其中，《适应新形势，发挥科协群体优势，为振兴企业做贡献》和《浅谈工厂科协在推进企业科技进步中的作用》两篇论文，均被评为天津市工厂科协工作研讨会优秀论文一等奖。前一篇还被编辑出版在《新形势下工厂科协工作研究》一书中，后一篇被刊登在《天津社团研究》(1997年第1期)中。另外，有两篇论文被评为天津市工厂科协研讨会优秀论文二等奖，有一篇被评为三等奖，还有一篇题为《做好社团工作，为企业提高经济效益做贡献》的论文，被刊登在《天津民间组织》(1999年第4期)中。

图3-34　《中国专家大辞典》入编人员定稿

由，还是积极引导为好，只要价值观正确，对学业不见得有影响，甚至还有促进作用。他听了觉得有道理，可能暗中还"保护"了不少人吧！

从做学生到留校任教，我在天津大学的这些年，沈玉麟先生既是严师又像慈父，渐渐地，不单和他，和他的家人也接触多了，建立起了深厚的感情。那个年代人们之间的联络没有这么发达，沈玉麟先生的二儿子就像信使一样跑来跑去，给我们几个学生传达信息，经常叫我们去他家里听沈玉麟先生解惑答疑。先生的孙女沈芳亮，那时候小小的，非常可爱活泼，我算是看着她长大的，后来她也考上了天津大学建筑系，毕业后去美国留学的推荐信还是我写的。她回国后我们有过几次交流，现在她已经像她的爷爷一样成长为一位大学问家，也是业内的佼佼者，我非常欣喜。

1988年，机缘巧合之下我去了日本留学，1995年回国后多次去学校看望沈玉麟先生，与他交流一些最新的心得。最后一次是在2007年初，那年他86岁，做了一个大手术，身体有些差。见面的时候先生特别激动，还很健谈，思路也清晰，但由于听力退化，都是老伴儿在一旁解释。我和先生谈了蛮长时间，依依不舍却又担心影响他休息。临别时刻，先生紧紧握着我的手再三表示感谢，能感觉到他可能是觉得自己的时间不多了。见面之后没几天我就收到了先生的一封长信，信中他回顾了自己的几段经历，有工作上的，有关于家人的、朋友的，也有对于我的。细读下来，仿佛映射了先生的一生，对事尽心尽力，对人恭敬爱重，对人生际遇充满了知足感恩。后来因为先生的身体一直不大好，怕打扰他，我就没再去看他，所以那次就成了最后一面。

沈玉麟先生的这封亲笔信成了我的精神财富，我时常拿出来再三拜读，每次读来都牵起了我与先生之间点点滴滴的回忆，激励我向先生看齐，努力将建筑设计事业传承下去。

当时留校，这门课需要的幻灯片我都复制并翻制了第一手资料，做了详尽的笔记。我本来要接这门课的，但阴差阳错出国了，以后也留下了遗憾，这门课不知道现在还有没有。

他对信仰、对自己的追求不忘初心，不负使命，最重要的还是在他的学问上，在专业上严格要求；他像慈父般爱自己的学生，在生活当中也经常和我讲遇到的一些问题。老先生是对新鲜事物最具有敏感度的，也是最能接纳新鲜事物的。他还特别虚心，看到一个事物总是能从一个正面的角度分析、判断、领悟，把它挖掘得淋漓尽致。

作为九三学社的主要成员，他几十年来如一日一直想要加入中国共产党，可是一些历史原因使他入党的道路比较曲折，到后来和我一起入党宣誓，当时他已经60多岁了，我们还分配在一个党小组活动。以下是沈玉麟先生写给我的亲笔信（图3-35~图3-38）。

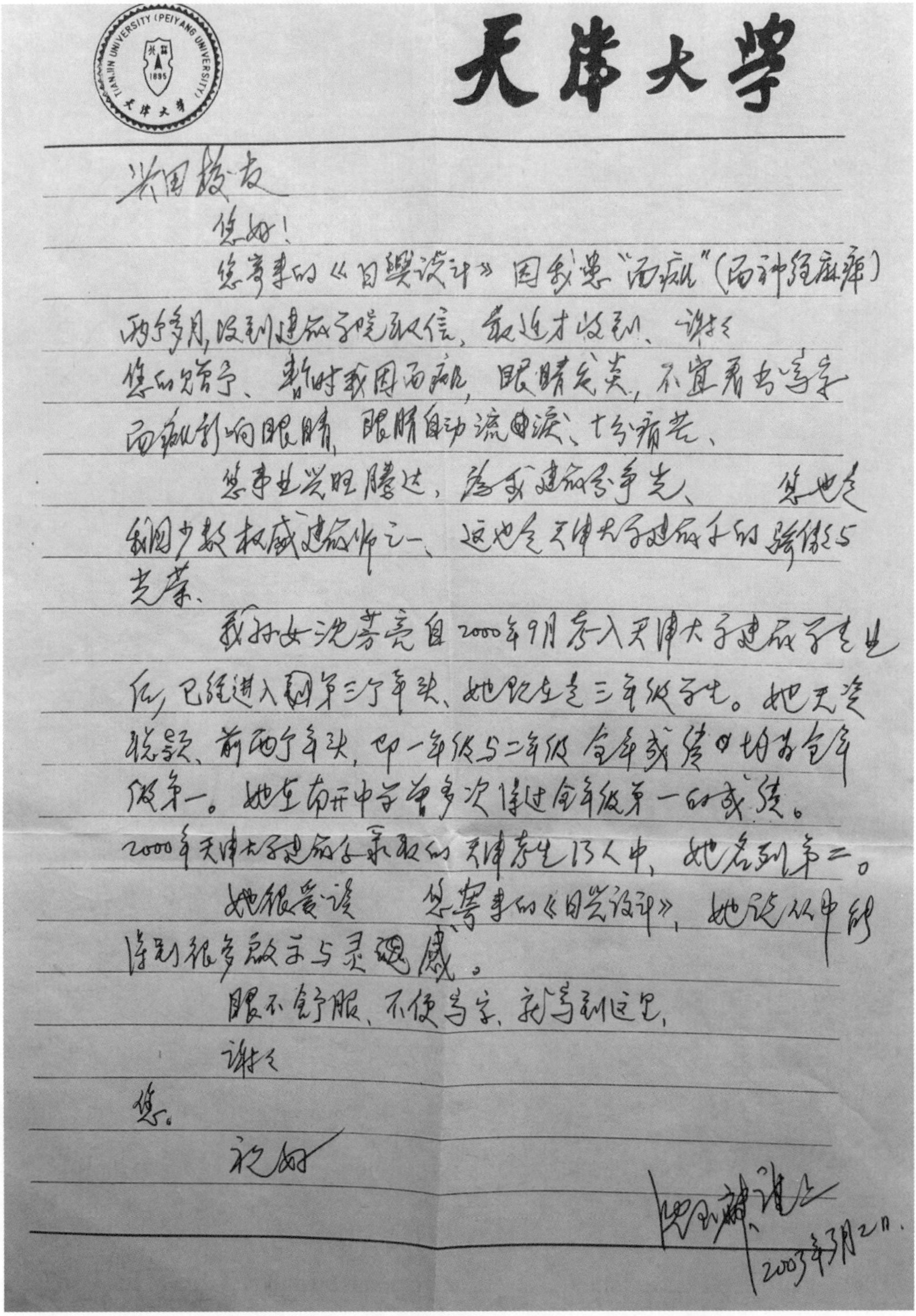

天津大学

兴田校友：
　　您好！
　　您寄来的《日本建筑设计》因我患"瘫痪"（面神经麻痹）两个多月，收到建筑学院转来的信，最近才收到、谢谢。
　　您的赠予、暂时我因面瘫，眼睛充血，不宜看书写字，面瘫影响眼睛，眼睛自动流眼泪，十分痛苦。
　　您事业兴旺腾达，给我建筑学争光、您也是钢少数权威建筑师之一，这也是天津大学建筑系的骄傲与光荣。
　　我孙女沈芳亮自2000年9月考入天津大学建筑系专业后，已经进入阅览第三个年头，她现在是三年级学生。她天资聪颖，前两个年头，即一年级与二年级 每年或每一个学期都是全年级第一。她在南开中学曾多次得过全年级第一的成绩。
　　2000年天津大学建筑系录取的天津考生13人中，她名列第二。
　　她很喜读　您寄来的《日本设计》，她能从中得到很多启示与灵感感。
　　眼不舒服，不便写字，就写到这里，
　　谢谢
　　您。
　　　祝好
　　　　　　　　　沈玉麟谨上
　　　　　　　　　2003年3月2日

图3-35　沈玉麟先生写给王兴田的亲笔信（2003年）

天津大学
TIANJIN UNIVERSITY

第一页

兴田校友：

您好！阖府好！恭祝新年好！敬祝新的一年

阖府康乐！心想事成，万事如意！

太感谢

您昨晚来会欢聚。太高兴、太欣喜，我们一家都兴奋不已！

我1950年1月3日回国，是新中国成立后，第一批从美国回国的。

那时乘海轮到香港，再从深圳乘火车到天津。出天津站后，有国家教育部

的同志来迎接，来欢迎归国。那时从美国回来，只有先到天津，到天津后

去了唐山铁道学院任教。（到天津后去了北京，到清华大学梁思成先生处

谋职，梁先生看完我在伊利诺大学的成绩单，说我们清华大学要 来清

华任教，他说我马上打个电话给教务长，梁先生告诉我，教务长说这个学期是

春季，引进新教师的工作都做完了，要在秋季学期报到任教。梁先生让

我先在北京市都市计划委员会工作半年，再在秋季清华任教。我考虑这样不合适，

也没有去清华，去了唐山铁道学院建筑系任教，该校是直属铁道部的，

每年给12张火车软卧或软坐免票，免费待遇与铁道部的工作人员相同）

这次去了唐山铁道学院任教，是天津所得的。我拿了这些免费待遇，从全国的

东西南北参观，不化车费几乎走遍了全国（因为暑假、秋假时间长，寒假也有些

断断续续，但也可以到的）。后来1952年院系调整，去了天津大学。1954年

任待天津大学建筑系党支部记同志，我到了城市规划系，内设"城市规划专业"

这是我回解放后全国第一个所大学办起了"城市规划专业"与"城市规划专业"

比较同济大学早，那时同济大学没设城市规划专业，同济大学董鉴泓先生到同济成立的

地址：天津市南开区卫津路92号   邮政编码：300072

是"城市建设与经营"专业。

　　我太兴奋、高兴，太高兴！您既天赋上那么高，又又那么些年来做全国冠军，十分感谢！十分感谢！

　　您在天津大学时，也是最拔尖的高才生。您的学习时期的建筑设计作业曾获全国第一名。

　　您对处事、处世，有大学问，有大智慧、大智能！更有能力进入上海大社会，特别是那时候，也包括现在，上海是大学问家，活动与发挥最大能量的大地方。各方面均全国领先。

　　我孙女沈芳亮聪慧惊人，我记得她小时候开始，我经常（每周许多次）带领她在天津大学校内绿化地段，以及进入附近不远的南开大学绿化地段散步、讲儿童故事，我自己编的"故事"以从天方夜谭的内容为主，再加上专定一些儿童们可以接受的小故事、小小说，她听了新奇记在心里。第二次她会告诉我，昨天讲到哪里，让我继续补充。这样，我每一次都不讲完，留一点明天再讲，这样几年每天都在新鲜愉快，空气中，坐着，走着，对她与我也许一项运动，特别对腿起好作用，应该户外走动走动，所以沈芳亮现在身体好。我过去担任过天津市人民政府咨询委员会委员，每月来每周去两次，我去市政府都是步行一小时去，再步行一小时回来。不坐电车，也步行来，对身体是有益处，我18岁起跟太极拳老师学太极拳刀、剑，在他那里学了三年，后来不去老师那里了，自己坚持也抽出时间练、所以沈某身体强多少。我妈这几年一直有病，住院时间长，但享寿已86多。

　　您比起 Hideo Sasaki（佐佐木英夫）在 Illinois 时是讲师，我曾开美班，他又去哈佛大学读博士，待了哈佛的博士学位，可惜的是几年前我从报刊上

第三页

看到，他已经去世，手不及参加我国北京的2008年奥运会了。这届奥运会
的奖牌面是 Hideo Sasaki 设计的。Hideo Sasaki 比我大两岁，
他与他家庭已是美国籍，他们等很多根早代一直住在美国。我那时
觉得日本人学习用功，做工作认真，有真学问。他也与日本人的也侣
手里差不多，对待他所接触的人，非常有礼貌，很肯帮助别人。
我那时已知道日本人对待友人是非常礼貌，非常尊重别人的。
主伊利诺大学 Hideo Sasaki 的学问已超过了他专定所在的
教授，自封之教授。老教授（美国的老教授）没有 Sasaki 那样
读书多，努力过人，用功勤读，想变通办法多，不是书呆子。
　　我离美国回后，一直与 Sasaki 通讯，他希望我有
机会去美国他处，给了我一个 Los Angeles 的住址，他写信给我
说他住在 Los Angeles 某住址，如果我有机过去美国，望去我
写信或打个电话给 Sasaki，他一定会来我的住处与我欢聚。
我没有机会去美国（也不想再去美国。因为我在 Illinois 大学念书时，常个人
旅游。美国的东面，有北，中各个名城名胜多数已去过了。那时年轻，身体好。
坐 Grey Hound 固裳连公共汽车可以旅游美国各处。）我也还幸运，70年代
泉州的华侨大学聘我为短期讲学。云南昆明的云南大学聘我为名誉教授。
后面特别是云南大学，他们校长要去美国，让我也去，当翻译，又第二次去了美国。
　　我特别赞赏 您的智慧与能力。实在说，我这一辈子没有多少智
慧能力。我佩服您，想刻苦学 您的勤奋智慧，但我已86岁了，没有机会了。您的
智慧、能力与为人，是我学习的榜样。再次深深感谢 您的来信，感激不尽！

新的一年 阖府欢乐！万事如意！

地址：天津市南开区卫津路92号　　　　邮政编码：300072

沈玉麟谨上
2007年1月5日。

图3-38　沈玉麟先生写给王兴田的一封长信（2007年）3

6. 先生是一座丰碑
——与导师记忆颇深的二三事

王学斌

时间过得飞快，转瞬间我从天津大学建筑学院毕业将近三十年。每每想起在校时沈玉麟先生对事业的孜孜以求，对学生们的启迪与关爱，对教学工作的认真负责，一幕幕场景仿佛就在眼前。这里，只撷取几件记忆深刻的小事与大家分享。

奔先生而来

沈玉麟先生在城市规划界的名气很大，用现在的话说就是大咖中的大咖。我决定读研就是奔着他的学识和声望来的，坚定信心要报考他的研究生。此前，大学毕业后我已经开始在天津市规划局工作了，而且恰恰赶上了《天津城市总体规划（1986年版）》的修编工作，对城市规划从编制到建设管理的体系有了一些粗浅的认识。当时带我做设计的老师都很厉害，他们大多是早年从国内外名校毕业的，或是在实际工作中有着丰富的实践经验的大专家。跟他们在一起工作，我深感自己知识的匮乏和能力的不足，特别渴望重回校园提升自己的理论水平。当时可不像现在的孩子们有这么好的条件，又是网络又是电脑的，随便上网一搜就能很容易地获得大量的信息。我们可都是全凭一本本翻书，一页页死啃。功夫不负有心人，经过几年的努力和准备，我终于在1988年考入天津大学建筑学院，实现了在沈玉麟先生麾下攻读硕士学位的愿望。我们那一届的宋昆、袁大昌和吕毅等同学，现在也都是响当当的人物。

先生上课时主要给我们讲他自己编著的几本经典教材，《外国城市建设史》和《城市规划原理》等。这些教材的信息量之大、涉猎之广，是至今无人超越的学术巅峰，更是开启我对城市规划认识的钥匙。从此，我对城市建设发展的规律有了真正透彻的了解。先生虽然对这门课的内容了如指掌，但每次备课依然特别认真，并没有完全按照他教材的内容进行简单描述。我们上课的时间大多在傍晚，课前他都要把气息调整到最佳状态，最爱说的开场白就是："我们今天的课程内容非常重要，我会使劲地为同学们讲好这堂课，你们也要仔细地听好。"那时候还没有PPT这类课件，讲课用的是幻灯片，可以看出他播放的每一张片子都是经过精挑细选的，都对所讲述的对象有最准确的描述。当每一张幻灯片在我眼前放映时，都会吸引我的目光，加之中英文对照的讲授，每每都给我留下深刻的印象。下课前他还要问一下在座的同学，今天的课程有哪些没听清楚，还有哪些不太明白的地方，要抓紧提问。对于同学的任何提问，他都不厌其烦地以深入细致的分析给予清晰的回答。所以他的课几乎每次都拖堂，他总是担心自己表述不清，给同学们留下些许疑惑。夏天教室里没有空调，一堂课下来他已经是汗流浃背，洁白的衬衣被汗水打湿。那时他已经年过花甲，是将近67岁的老人，每次看着他下课后拖着疲惫的身体离开教室，我的心里就不由自主地升腾出一种敬仰和感动。

先生一直走在时代的前沿

据资料记载，沈玉麟先生早年在上海格致公学读中学时，就受到过当时中共地下党的启蒙教育。1943年，沈玉麟先生毕业于当时著名的之江大学建筑系，曾师从于陈植、王华彬和罗邦杰三位著名教授。而后就职于上海协泰建筑师事务所与华联建筑师事务所，并成为当时国内罕见的注册建筑师之一。1947年春季，他参加留学生选拔考试，以总成绩全国第三的名次被美国伊利诺伊大学录取，赴美就读并获得建筑学和城市规划双硕士学位。他完全可以通过自己的学识和能力留在物质和生活条件都好于国内的美国，也同样能够教书育人，培养大批优秀学子，桃李满天下。但在新中国成立前，他有幸加入了华罗庚领导的留美科协，并响应了该组织的动员，立志报效祖国。他于1950年初回到祖国，回国后曾先后受到周恩来总理的五次接见。

先生自1952年起在天津大学任教，1954年在全国首创城市规划专业，建立城市规划系，并首次招收城市规划专业研究生。先生一个人承担了为这个新专业而新开设的很多课程，这些课程有城市规划原理、城市规划设计、道路交通设计、区域规划设计、绿化造园等。那时没有教科书，都是先生自己编写讲义。随着学生们先后毕业留校任教，天津大学建筑系的城市规划教师队伍才逐渐发展壮大，成为新中国重要的城市规划教育基地之一。

这样一位从小就接受过党的启蒙教育，经过世事沧桑，在共和国成立之初毅然决然放弃国外优厚待遇，投身新中国城市建设的优秀知识分子，是那个时代中国人的榜样和楷模。他是见过大世面的人，对事物有自己独到的认识和看法。先生一身正气，刚直不阿，且谦逊低调，待人真诚。

先生帮我改论文

你是否学有所成，那就用你的毕业论文来证明。相信每一个学生都经历过这个既让人感到痛苦又收获快乐的过程。研究生阶段感觉时间过得好快，转眼就到了要撰写论文的阶段。我因为此前有过一段在规划局工作的经历，亲身感受到在城市规划建设过程中城市特色的破坏程度，所以认为特别需要写一篇分析这一问题产生的根源，研究并提出如何保护城市特色的文章。我跟先生沟通这个想法时，没想到很快便得到了他的认可。他帮我理清了思路，制定了文章架构，还借给我许多参考资料，让我仔细研读后再下笔。

我结合自己在工作中的实践，通过深入的研究和思考，梳理出了当时影响城市特色的五大主要问题。一是由于城市历史文化空间的破坏、历史文脉的割裂，社区邻里的解体，最终导致城市记忆的消失；二是"千城一面"的现象日趋严重，造成各地城市风貌的趋同；三是城市建设中缺少科学态度和人文意识，单一依赖土地经济，盲目追求大与新，导致城市建设失调；四是城市形象的低俗趋势；五是城市环境的逐渐恶化，致使城市病愈发突出。先生看过以后认为还不够全面，指出是城市管理的错位导致了对城市精神理解的错位和对城市发展定位的迷茫。只追求物质利益，而忽视文化生态，究其深层次的原因，是文化认同感和文化立场的危机。他认为，城市特色具有丰富的内涵，是展现城市魅力的重要元素。在城市化加速发展的当今，如何保护、延续和创新城市特色是城市规划者需要面对的共同难题。城市特色是城市质量与城市文化的有机融合，并由此衍生出城市的独特品牌。必须大力推进质量与文化的融合，积极打造城市独有的金名片，不断扩大城市的知名度和美誉度，切实增强城市的核心竞争力。

先生不愧为大师，这么多年过去了，我对他当时对我论文内容的修改还记忆犹新。论文中我还出现了许多错别字和错误的句子，先生都一一帮我改正过来，还对我说，这篇论文是你自己用心写的，没有抄袭。这对我是莫大的鼓励！

毕业后的每年春节，我都会和我的爱人去先生家拜年，每次进门，都是先生的小儿子为我们开门，一见到我就大声地朝着先生的方向喊："爸爸，爸爸，王学斌来啦，王学斌来啦！"先生的小孙女，他的掌上明珠沈芳亮则站在沙发的一角，笑眯眯地看着我们，那一幕幕温馨的场景仍犹在眼前。

那一年，中国城市规划学会为颂扬老一辈城市规划先驱的事迹，由曲长虹副秘书长组织《中国建设报》的记者来津调研，知道我是沈玉麟先生的学生，特意让我引导来先生家采访（图3-39、图3-40）。由于先生那时耳音不好，需要根据采访提纲慢慢整理和撰写自己的生平，我为此在京津两地跑了很多趟。后来，有关先生的采访内容登上了《中国建设报》，引起业界很大的反响。平生有幸协助先生做了这样一件有意义的事情，现在想起来觉得心里非常安慰。

沈玉麟先生是中国城市规划学科的创始人，并奠定了该学科在城市规划教学和规划实践中的重要地位。城市规划发展到今天，万变不离其宗，始终没有偏离经典的理论架构和学科体系。先生是一座丰碑，他的成就始终无人能跨越！先生是一面旗帜，始终高高飘扬！先生是一面镜子，他的精神影响了我们的一生！

第三篇　追忆沈玉麟先生

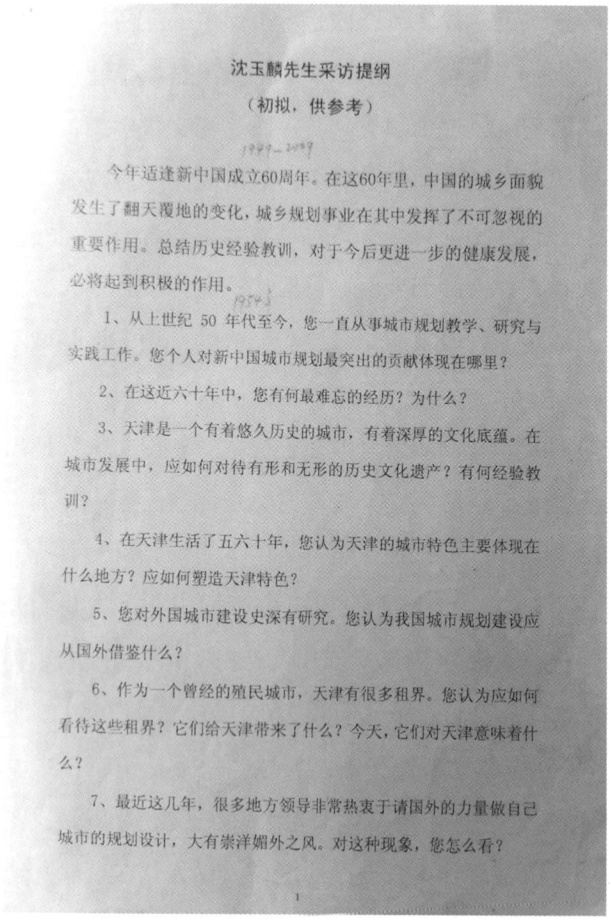

沈玉麟先生采访提纲
（初拟，供参考）

1949-2009

今年适逢新中国成立60周年。在这60年里，中国的城乡面貌发生了翻天覆地的变化，城乡规划事业在其中发挥了不可忽视的重要作用。总结历史经验教训，对于今后更进一步的健康发展，必将起到积极的作用。

1954

1、从上世纪 50 年代至今，您一直从事城市规划教学、研究与实践工作。您个人对新中国城市规划最突出的贡献体现在哪里？

2、在这近六十年中，您有何最难忘的经历？为什么？

3、天津是一个有着悠久历史的城市，有着深厚的文化底蕴。在城市发展中，应如何对待有形和无形的历史文化遗产？有何经验教训？

4、在天津生活了五六十年，您认为天津的城市特色主要体现在什么地方？应如何塑造天津特色？

5、您对外国城市建设史深有研究。您认为我国城市规划建设应从国外借鉴什么？

6、作为一个曾经的殖民城市，天津有很多租界。您认为应如何看待这些租界？它们给天津带来了什么？今天，它们对天津意味着什么？

7、最近这几年，很多地方领导非常热衷于请国外的力量做自己城市的规划设计，大有崇洋媚外之风。对这种现象，您怎么看？

图3-39　沈玉麟先生采访提纲1

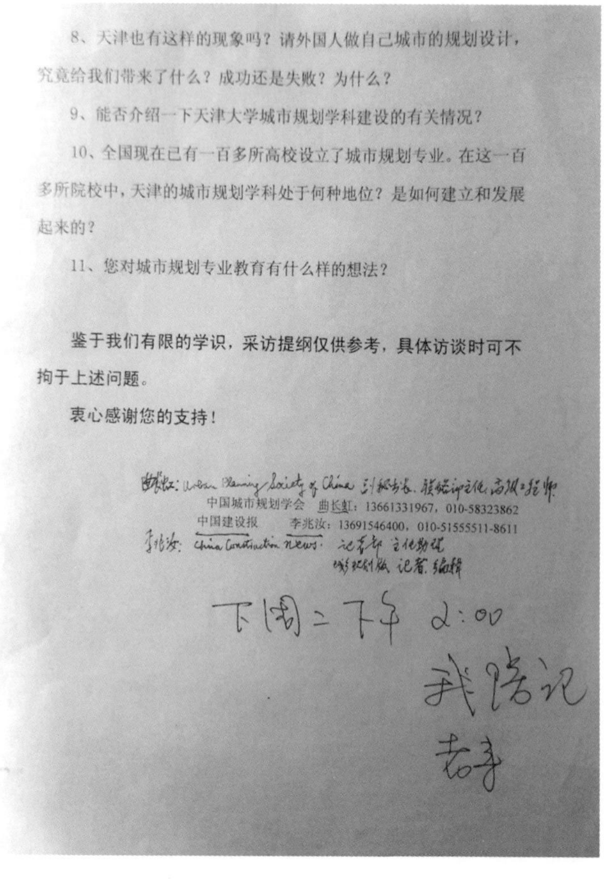

8、天津也有这样的现象吗？请外国人做自己城市的规划设计，究竟给我们带来了什么？成功还是失败？为什么？

9、能否介绍一下天津大学城市规划学科建设的有关情况？

10、全国现在已有一百多所高校设立了城市规划专业。在这一百多所院校中，天津的城市规划学科处于何种地位？是如何建立和发展起来的？

11、您对城市规划专业教育有什么样的想法？

鉴于我们有限的学识，采访提纲仅供参考，具体访谈时可不拘于上述问题。

衷心感谢您的支持！

邮箱址: Urban Planning Society of China 引萨尔夫, 张媛晶论, 高阳岩岬
中国城市规划学会　曲长虹，13661331967，010-58323862
中国建设报　李兆汝，13691546400，010-51555511-8611
李绮汝: China Construction News: 记者许 文化新报
　　　　　保抱创成，记者 编辑

下周二下午 2:00
我陪记
若平

图3-40　沈玉麟先生采访提纲2

7. 风雨兼程，披星戴月
——片言碎语回忆沈玉麟先生的天津大学从教生涯

陈天

我在1987年本科毕业留校前，对沈玉麟先生不是很了解。

大学四年级以后，我逐渐开始接触规划专业的教师，1987年做毕业设计时，规划系的魏挹澧教授与王兴田老师指导我做秦皇岛山海关古城保护规划的毕业设计，我开始更多地接触到了规划专业的先生们，包括认识了城市规划教研室（图3-41、图3-42）的方咸孚教授、荆其敏教授、肖敦余教授、胡德瑞教授、亢亮教授以及李雄飞老师等，还有年轻教师运迎霞老师、张驰老师等，但我对沈玉麟先生还不是很了解，或许见过面但还没有认识，还有一丝神秘感。

当时经荆其敏、方咸孚及王兴田等老师推荐，我于1987年在建筑学本科毕业后留建筑系任教。之后，受到先生们的启发影响，我开始关注城市规划这个在当时还算是新鲜事物的领域。从1989年开始，我师从方咸孚教授读研究生，正式开始学习城市规划，做天津居住区规划设计史的研究。在上研究生课程（图3-43）时，我终于接触到了沈玉麟先生，此时才知道这是一位资深的老先生，曾经留美，拿到过建筑、城市规划专业双硕士，我顿时心生敬畏，他能在那么早的时代归国从教，难能可贵。那时候，正值国家1978年改革开放启动初期，很多刚刚在建筑系工作的优秀年轻教师都有不稳定的心理状态，谋划着出国深造。在20世纪80年代末，由于国际国内形势的变化，我也受到双重的影响，一方面希望有机会

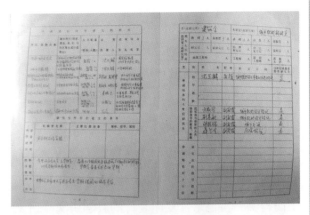

图3-41　建筑系城市规划教研室目前进行科学研究的情况

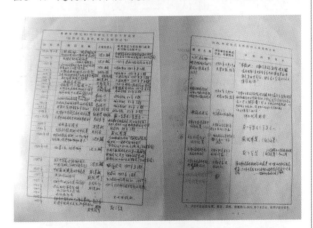

图3-42　建筑系城市规划教研室科学研究工作的主要成果

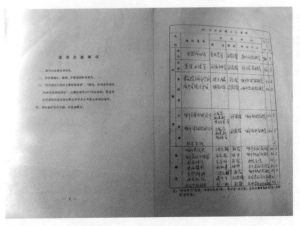

图3-43　沈玉麟先生拟开设的研究生课程

151

继续深造学习；另一方面，很多老教师对工作一丝不苟的态度也影响着我去思考如何做好一名大学教师。

记得读研期间我选了沈玉麟先生的理论课，每次去上课，都可以看到沈玉麟先生穿着当时那个年代很多先生们的典型服装：灰蓝色、简朴的西服外套，手提一个黑色的大手提包，慢慢踱步走进教室，可是当时我并不知道沈玉麟先生已经是年近七十岁的老人了，他竟然还没有退休，继续站在讲台上给学生讲课。那个时候他给我们讲授的课程是"建筑群与外部空间设计"，令我们十分感动的是，他把这门课的手写讲义复印后分发给上课的每一位研究生。"建筑群与外部空间设计"是我最早接触的关于城市设计领域的理论课，后来知道，沈玉麟先生在美国留学的20世纪40年代中叶，美国正处于20世纪20年代末期经济大萧条后城镇化发展高峰期的尾声。之后，以哈佛大学为代表，美国建筑界、规划教育界在20世纪60年代初首先出现了对城市设计概念的解读，以及后来美国当代城市设计名家埃德蒙·培根于20世纪五六十年代在费城等地进行了城市复兴的实践探索。

上课时，沈玉麟先生每次都会提前进入教室，先在黑板上写下很多板书，将本次课讲授的要点写出来，沈玉麟先生的板书功底很深，字体遒劲有力，他有时候会写很多，写满了黑板。由于那个时候上课的辅助设备远不如今天，因此沈玉麟先生为了帮助学生理解他讲的内容，会在第一次上课时给学生们提供一份他亲自复印装订的教学讲义。讲义是他手写出来的，沈玉麟先生的手写字体很有特点，我至今仍可以一眼认出来。讲义中除了文字，还配有手绘的表格，很多地方还会画上一些示意插图，并做文字标注。我想这肯定是凝聚了他数十年的学习、研究才整理出来的。

沈玉麟先生满腹经纶，但他不是一位善言的教师，他讲课的声音不大，还有一点结巴，但他讲的"建筑群与外部空间"的内容都是他多年学习研究成果的积累，是对现代建筑与城市规划史中经典理论、思想与实践的中国式解读，可惜那时候我学识浅薄，未能好好听他的课。当然，也可惜沈玉麟先生所处时代的科技水平落后，教学手段限制了他把在国外学习、在国内研究整理多年的知识传递给学生们。教学环节没有投影类的设备，老先生往往用最实用的手段——板书和手写的讲义作为授课的辅助媒介。

一个小插曲，让我更深刻地体会了沈玉麟先生对教学的认真，对学生的严格。记得在我读研期间，因为做导师的课题项目，出差做了一次调研，结果缺了一次沈玉麟先生的理论课，后来我以为这件事就算过去了。没想到有一次我去导师方先生家研讨课题并讨论时，方先生微笑着和我说沈玉麟先生向他告状了，说我旷了一次他讲的理论课，要方老师警告我不要缺课，我从此对沈玉麟先生的认真劲儿既崇敬又增添了一分畏惧。

然而我对沈玉麟先生的印象，除了求学期间那次旷课的经历，他给我的印象都是一位慈祥、和善、不苟言笑的老知识分子的形象。沈玉麟先生学养深厚，这与他在国外接受的教育是分不开的。他拥有良好的外语交流与写作功底，回国后也经常参加当时为数不多的国际交流及会议活动，他教授课程时习惯在关键词后面加中英双语标注。后来，老师和同学们发现，他讲课时说起英文来甚至比说汉语还要流利。他经常耐心地为研究生及青年教师进行专业英语、英文学术论文的修改润色。我记得在我写作研究生学位论文期间，也请沈玉麟先生对我的英文摘要做了润色修改，他对学问的认真、诚恳与耐心的确感动了我。

后来，沈玉麟先生受到全国建筑学与城市规划专业教材编委会的教材撰写邀请，用10多年时间独自编写了在中国城市规划史上颇具里程碑意义的经典教材《外国城市建设史》（1989年出版），这是他在建筑、规划领域的几十年的学习、研究与积累的成果呈现（图3-44）。此外他还与其他高校教师合作，编写了教材《外国近现代建筑史》（1988年第一版，2001年第二版）。这两本教材和他手写的"建筑群与外部空间设计"讲义也有着千丝万缕的关系。作为当时天津大学规划专业唯一的留学海归教师，沈玉麟先生在学术与教育领域执着耕耘几十年，把近现代西方的建筑及城市规划思想引入了我国大学的建筑规划教育课堂，成为践行"西学东渐"的知识使者。

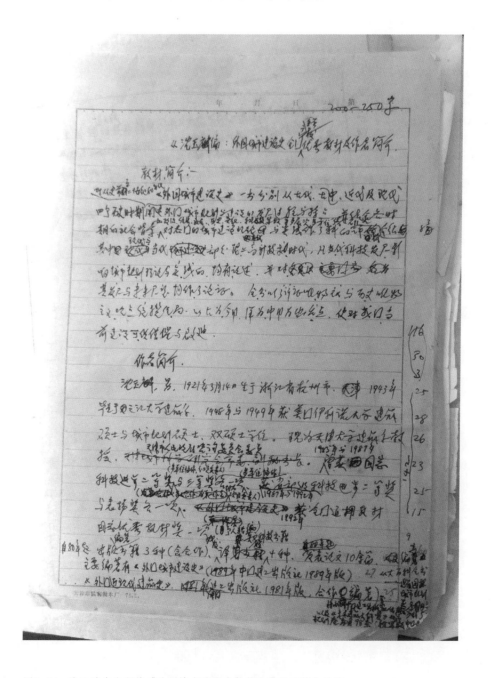

图3-44 沈玉麟先生所编《外国城市建设史》简介及作者简介手稿

沈玉麟先生于1950年学成归国。当时新中国正处于百废待兴之际，他义不容辞地响应国家召唤，先后在唐山工学院及北方交通大学北京铁道学院任教。1952年他来到天津大学建筑系任教，凭着对知识与学问的渴望，对党和国家教育事业的热忱，以及对教师职业的担当态度，他积极投身到教师的日常工作中（图3-45~图3-50），运用他留学所学的知识与积累，开设了多门新课程。特别是为推动设立"城市规划专业"，他先后开设了多门本科及研究生课程。从他个人的回忆录可以看出，他在建筑系开设了规划方向的课程，包括城市规划原理、城市规划设计、道路交通设计、区域规划设计、绿化与造园等。直至1957年、1958年，方咸孚和荆其敏先后毕业留校任教，城市规划教师团队才初步形成。

从教几十年，我终于有所领悟，沈玉麟先生自留学回国从教以来，就一直用他的所学致力于开辟祖国的城市规划教育事业。自1952年开始在天津大学建筑系任教以来，沈玉麟先生就在教学上尝试创立城市规划领域的课程与研究方向。据考证，"城市规划"一词是他最早在新中国成立初期提起的，他倡导发展这门与建筑学并重的学科，1954年在他的推动下，天津大学成立城市规划专门化教学体系。沈玉麟先生将留美期间所学的西方现代建筑与城市规划的理论与思想引入国内规划教育。当时他在建筑系党总支与系领导的支持下，提出创办一个城市规划专业方向，在条件成熟时设立城市规划系，在他个人回忆录中写道："这个专业是天津大学在全国首创的一个新专业，与当时较早成立的同济大学城市建设与经营专业不同。"作为新中国成立初期最早的海归之一，他也自然成为天津大学城市规划专业的创立者，也是新中国城市规划学科最早的开拓者之一。在我国的土地上，他用知识辛勤耕耘，几十年如一日，淡泊名利（在我的印象里，在天津大学从教任职60年间，他从未担任任何教学管理的行政职务），在花甲之年仍坚守在课堂教书育人（图3-51~图3-53）。

作为一名民主党派（九三学社）人士，他还在晚年决定加入中国共产党，我想这是他在从教的漫长岁月后，为自己的政治信仰做的最后的解读吧！无疑，沈玉麟先生就是中国知识分子作为国之"脊梁"形象的代表。

图3-45 1989年3月30日沈玉麟先生任职证明

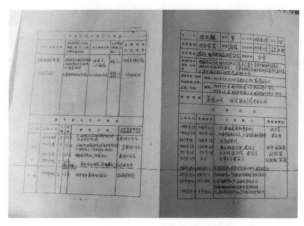

图3-46 1985年5月10日"申请培养学位研究生指导教师简况表"1

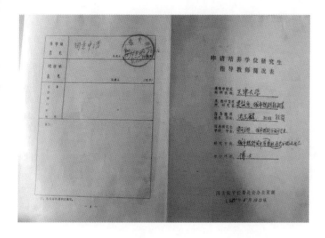

图3-47 1985年5月10日"申请培养学位研究生指导教师简况表"2

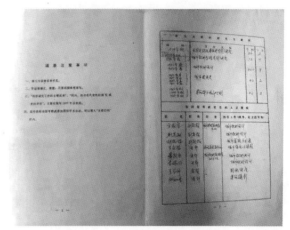

图3-48 1985年5月10日"申请培养学位研究生指导教师简况表"3

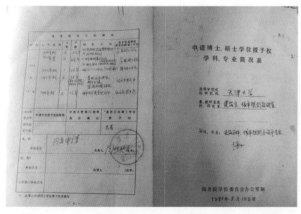

图3-49 1985年"申请博士、硕士学位授予权学科、专业简况表"

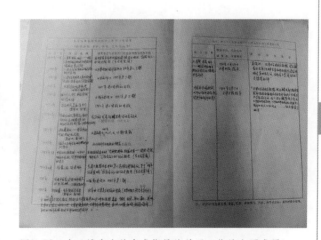

图3-50 沈玉麟先生从事或指导的科研工作的主要成果

155

第三篇 追忆沈玉麟先生

图3-51　20世纪80年代王其亨研究生答辩
第一排：王其亨、冯建逵、单士元、
沈玉麟、周祖奭、杨学智
第二排：胡德君、刘金德、王全德、周向荣
第三排：杨道明、李日春、李雄飞

图3-52　2000年天津大学建筑学院建院三周年活动合影（从前面数第二
排右起第六为沈玉麟先生）

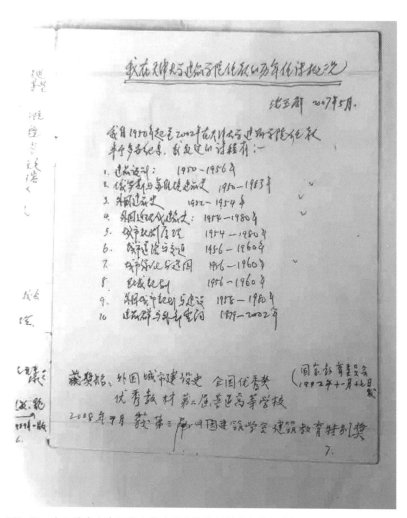

图3-53　沈玉麟先生在天津大学建筑学院的任教理念和任课概况

8.书缘
——片羽飞鸿忆沈玉麟先生

蒋峻涛

在我的书架上并排放着两本书，一本是英文原版书，一本是该书的中译本。每当我看到它们，总会想起沈玉麟老师。

缘起

大概是在1997年，我在天津大学读研，从科学图书馆处理的旧书中，我有幸淘到了一本八成新的 *Contemporary Urban Planning*（John M. Levy）。这本书分为不同的主题，概述了美国城市规划的演变历史与基本制度，行文自由、案例丰富，可读性强。当时介绍国外城市规划的专业书籍还不多，浏览之余，我对它爱不释手，便萌生了翻译此书的想法，但又拿不定主意。

恰逢当时沈玉麟先生正给我们讲授专业外语，于是我很冒昧地给沈玉麟先生打了电话，约好第二天上午去他家里讨论一下。

解惑

沈玉麟先生的家在学校的老宿舍区，在那里住的大多是德高望重的老先生。简单的客套之后，我拿出了那本英文原版书请沈玉麟先生过目。沈玉麟先生接过书，翻看得很仔细。在安静的小屋里，只听到他轻轻的翻书声。

我提前准备了一整页的问题，内容涉及土地私有制背景下的城市化过程、土地价值、城市开发、房地产税、土地用途管制与区划制度、城市更新等，这些问题当时在国内研究的人还不多。

沈玉麟先生浏览一遍后，对上述问题作了耐心解答，给了我不少启发。对于一些细节问题，沈玉麟先生坦言所知亦不多，概因自己归国较早，此后更无缘深究。

沈玉麟先生认为，自改革开放以来，国家日益注重学习借鉴西方世界先进经验，这本书作为入门读物，有翻译价值。对于书中涉及的深层次问题，鼓励我做细致深入的研究。

也许是讨论激发了他久违的兴致，那天沈玉麟先生的精神很好，双眸看起来异常清澈明亮，至今我仍难以忘怀。

责任

谈完正事还有些剩余时间，沈玉麟先生便和我聊起了家常。谈及过往，沈玉麟先生自谦道，当年学成回国，既是响应建设新中国的号召，也是为了应对家中突发的变故，自己对国家与家庭都有应尽之责任，实属分内之事，对此前的宣传愧不敢当。

钦佩于沈玉麟先生的谦逊与坦诚，内心深受触动，我也知道那一代人工作和生活的不易，故没有再追问归国后的经历。我只感叹他们在沧桑巨变之下，仍勇于担当责任的家国情怀。

片刻的沉默之后，沈玉麟先生突然抬起头，说请我帮个忙。原来沈玉麟先生有个天资聪慧的孙女，正就读于南开中学，成绩出类拔萃，准备去美国留学深造。沈玉麟先生有意帮孙女规划好未来，但又担心自己不了解现在年轻人的想法，希望我能提供些建议。沈玉麟先生眼神中充满了对掌上明珠的自豪、疼爱和期许。

当时源自美国的新技术与新经济发展方兴未艾，我谈了一下自己对未来趋势的一些判断，建议还是选择引领时代潮流的前沿领域。由于担心会误导沈玉麟先生，我一再强调这只是个人的浅见。沈玉麟先生却听得很仔细，认真做着记录，听罢连声称谢。

沈玉麟先生的责任心给我留下了深刻印象。多年后，我自己也有了一些生活阅历，才发现自由与责任，始终是很多人心头的选择难题。每当回想起这段谈话，我总会感叹能够坚守一份责任，是多么不容易。

遗憾

译书的事，我权衡再三，最终还是放弃了，只因当时有了新的想法。但一直把这本英文原版旧书带在身边。直到多年后，偶然在书店看到该书的中译本，顿时倍感亲切，随即买了一本留作纪念。只遗憾当年游思难定，有负沈玉麟先生的鼓励。

1999年毕业后，我来到深圳规划院工作。有一天在翻看旧资料时，无意间从文件中掉出一张照片，是1986年深圳市城市规划委员会全体委员的合影，里面有一张熟悉的面孔，正是久违的沈玉麟先生，他乡重逢的惊喜油然而生。作为国内资深规划专家，他曾被邀请参与深圳早期城市发展的顾问工作。

遗憾的是，那段历史，现在知道的人已经不多。那张照片，也在后来三番五次的工作变动中遗失了。

我因一本书与沈玉麟先生结缘，时光虽短暂却弥足珍贵，多年之后仍让我回味无穷。此时正值沈玉麟先生一百周年诞辰，无以为报，谨以此文权作纪念。

（原载《UED》2021年）

后记

1.沈玉麟先生生平事迹总结

陈天老师团队

沈玉麟先生求学阶段

沈玉麟先生中学就读于上海格致公学，当时在那里受到过中共地下党的启蒙教育。1939年2月，沈玉麟先生进入当时有名的之江大学建筑系（1952年并入同济大学），并在1943年毕业，在此期间曾师从著名教授陈植、王华彬和罗邦杰。毕业后，就职于上海协泰建筑师事务所与华联建筑师事务所，并成为注册建筑师。

1947年春季，沈玉麟先生参加留学生选拔考试，以全国第三名的总成绩，在同年9月被美国伊利诺伊大学录取，赴美就读。1949年11月毕业并获得建筑学硕士和城市规划硕士学位，成为当时国内为数不多的双学科硕士之一，为沈玉麟先生日后的研究教育工作打下了坚实的基础。

沈玉麟先生在美国就读期间，正值国共战争结束、国内发展伊始。20世纪40年代末，在美国的进步留学生了解到祖国的时局变化后，相继组织科协团体，汇聚起分散在全美各地的中国留学生和学者，开展科技和爱国宣传活动，为建设祖国做准备。1949年1月，在美国多州进步人士的努力下，"美中科协"在芝加哥成立，仅在1949年2月至6月期间，就发展为13个分会，240余人。也正是在这期间的1949年3月，在美留学的沈玉麟先生加入了华罗庚领导的留美科协，并响应该组织的动员，立志报效祖国，毕业后于1950年1月3日回到祖国，先后五次受到周总理接见，揭开了他毕生在建筑规划领域做出巨大贡献的序幕。

沈玉麟先生先生回国工作阶段

1950年1月，中华人民共和国成立刚刚3个月，已经获得美国伊利诺伊大学建筑硕士及城市规划硕士学位的沈玉麟先生，放弃国外的优厚待遇，经过20多天的辛苦颠簸，毅然回到祖国，受聘为北方交通大学唐山工学院建筑系讲师。同年，抗美援朝运动开始了，全国掀起了一个报名参加志愿军的高潮，这对学生是一次生死的考验。接着掀起了一个报名军干校的高潮，这对青年学生在政治上是一个很大的考验，建筑系的大部分学生都报了名，但最后一个都没有被批准，因为中国需要建设人才。1950年10月铁道部突然下了命令，要求北方交通大学唐山工学院土木系四年级70多名学生全部参加中国人民志愿军开赴朝鲜前线，去修复被美军炸毁的机场，当时建筑系四年级的学生也要求同去，但没有被批准，只是说另有任务。1951年5月，铁道部又下达一个命令，要求将建筑系四年级的8名学生及教师抽调到北京，因为要把北方交通大学北京铁道学院从北京市区府右街李阁老胡同原校址，迁往北京市西直门外红果园新校址，因此要全部设计新校舍。当时校领导任命徐中先生任北方交通大学建筑工程司负责人，建筑系8名学生与建筑设计教师徐中、沈玉麟、庄涛声和新聘来的童鹤龄、郑谦，以及结构教师等分工负责各项工程设计。新校舍总平面设计当然由徐中负责，其他的教学楼、饭厅、办公楼、图书馆、陈列馆、学生宿舍、教职工宿舍、卫生院等单体建筑都由一名毕业班的学生与指导教师负责，学生要完成全部建筑、结构、水、暖、电的施工图，这对一个正要毕业的学生来说，是一个很好的实践锻炼机会。

　　1952年9月，教育部对全国建筑院系进行调整，将北方交通大学建筑系与天津津沽大学（原工商学院）建筑系、土木系和北洋大学土木系合并到天津大学，成立土木建筑系，于是北方交通大学建筑系师生集体迁往天津。1952年10月，天津大学土木建筑系正式开学。系主任是张湘琳，副主任是范恩锟，教学秘书是王宗源，行政秘书是龙启涛，下分几个教研室。建筑设计教研室主任是徐中，成员是沈玉麟、宗国栋、卢绳、庄涛声、冯建逵、石承露、童鹤龄、郑谦、周祖奭、何广麟（后抽调到哈尔滨工业大学读研究生)、王宗源、张佐时。

　　1954年，天津大学成立城市规划专门化教学体系，天津大学城乡规划专业教育由第一批留美归国、曾受周恩来总理等国家领导人接见的沈玉麟先生设立，徐中、彭一刚、胡德君、荆其敏、方咸孚等规划名家都曾在本学科任教。1954—2002年，沈玉麟先生一直在天津大学从事城市规划、研究和实践工作。在一篇访谈中，沈玉麟先生提到："1954年，我国各大学有城市规划系的仅两个大学，即上海的同济大学和北京的清华大学。天津大学是第三个开设城市规划专业的高校。那时天津大学的建筑系领导是徐懋德教授，他曾在台湾做党的地下工作。他说台湾的大学有城市规划系，我们大陆也必须创建城市规划专业。我从1954年开始，一直在天津大学建筑系工作，后来还担任过城市规划教研室主任和城市规划教研室中共党支部副书记。"

　　沈玉麟先生一个人承担了为这个新专业而新开的很多课程，这些课程有城市规划原理、城市规划设计、道路交通设计、区域规划设计、绿化造园等。那时没有教科书，沈玉麟先生都是自己编写讲义讲课。在从1950年至2002年这半个多世纪的时间里，沈玉麟先生始终坚持奋斗在教学战线，自己编写讲义，写讲稿，共教过建筑设计（1950—1956年）、俄罗斯与苏维埃建筑史（1950—1953年）、外国建筑史（1952—1954年）、外国近现代建筑史（1954—1980年）、城市规划原理（1954—1980年）、城市道路与交通（1956—1960年）、城市绿化与造园（1956—1960年）、区域规划（1956—1960年）、外国城市规划与建设（1958—1980年）、建筑群与外部空间（1979—2002年）等十余门课。

沈玉麟先生个人品质

1. 爱国奉献——放弃优厚待遇，毅然回国

1950年1月，新中国成立刚刚3个月，已经获得美国伊利诺伊大学建筑硕士及城市规划硕士学位的沈玉麟先生，放弃国外的优厚待遇，经过20多天的辛苦颠簸，毅然回到祖国，受聘为北京交通大学唐山工学院建筑系讲师，是新中国成立后第一个回国的建筑系留学生。

2. 理性客观，不崇洋媚外

在很多地方领导非常热衷于请国外的力量做中国城市的规划设计时，沈玉麟先生提出，外国专家为中国做的规划设计，我们可以借鉴，作为国家与国家之间的相互学习、相互交流，但不应具有崇洋媚外之风，中国的规划要结合中国的特色来做。

3. 治学严谨，不迷信盲从

不盲从领导意见，敢于在规划过程中提出自己的意见与思想：在建设天津拖拉机厂时，沈玉麟先生直言"我们应该为子孙后代着想"；在为塘沽开发区做规划时，沈玉麟先生提议改址杨柳青。虽因这两件事受到了批评，但沈玉麟先生依旧敢于从专业角度提出意见。

4. 专业认真，直言不讳

在《也谈职业道德问题——沈玉麟先生致金经元教授的一封信》一文中，沈玉麟先生直言不讳地提出，很多规划者"瞎规划""没有学问"和不做前期现状调查与分析研究的问题。

5. 淡泊名利

沈玉麟先生在采访中提出"规划师必须爱国，不贪污、不图钱，搞城市规划必须老老实实。要有高尚的思想品德，愿为党和国家献出自己一生的精力，全心全意为人民服务"。他本人也始终践行着这一宗旨，回国后为很多省市义务做规划，不收取报酬。

6. 学贯中西，敬业谦和

上课提前到课堂准备，精通六国语言，同学有不懂的问题他都一一解答。不论拜访者的年龄、地位，他总是尊称"您"并热情招待，即使是学生走时，他也会亲自送到楼梯口。

沈玉麟先生住了50多年（1955—2007年）房子的俯瞰图，围合院落的三层单元住宅

7. 循循善诱，激励后辈

如今已是院士的段进教授，也回忆了沈玉麟先生对于当初自己想要从建筑专业转向城市规划专业时给予的鼓励与指导。

资料来源：

[1]刘宓. 之江大学建筑教育历史研究[D]. 上海：同济大学，2008.

[2]吴吉明. 外公当年创建的之江大学建筑系和当年的第一批毕业生[EB/OL]. [2021-8-31]. https://weibo.com/1423592893/I04KtDVQU?type=comment#_rnd1630507144719.

[3]百度文库.沈玉麟[EB/OL]. https://baike.baidu.com/item/%E6%B2%88%E7%8E%89%E9%BA%9F/4687093?fr=aladdin, 2021-7-9/2021-8-30.

[4]名人简历.沈玉麟[EB/OL]. http://www.gerenjianli.com/Mingren/21/k0bdl1mpsc.html.

[5]天津大学民主党派联合办公室. 天津市政协副主席、九三学社主席陈永川到天津大学吊唁沈玉麟[J]. 党派之声，2013(2)：2-3.

[6]邹德侬. 扶持学子，不遗余力——纪念恩师沈玉麟100周年诞辰[EB/OL]. 2021-7-8[2021-8-30]. https://mp.weixin.qq.com/s/qsr2ouFi7xvn7LQ0w0cFgw.

[7]全景科学家. 他组建留美科协，帮助400多名科学家在新中国成立初期回到祖国[EB/OL]. [2021-8-31]. https://baijiahao.baidu.com/s?id=1674619560695991675&wfr=spider&for=pc.

[8]傅琳. 留美科协成立始末[J]. 北京党史研究，1998.2(2).

[9]天津大学建筑学院(系)发展简史(1946-1985)[EB/OL]. https://www.docin.com/p-2127549441.html.

[10]倾情祖国规划 不为利来利往[EB/OL]. http://www.landscape.cn/interview/1360.html.

[11]沈玉麟.也谈职业道德问题——沈玉麟致金经元教授的一封信[J]. 城市规划，1996(2)：43-44.

[12]锻造城市空间的"中国名片"——记中国科学院院士、东南大学建筑学院段进教授[EB/OL]. https://www.seu.edu.cn/2020/0102/c17406a309780/page.psp.

2. 沈玉麟先生个人简历

沈玉麟 2007年10月[*]

沈玉麟个人简历手稿1

* 本"个人简历"手稿共计7页，针对手稿的全文识别请参考"沈玉麟个人简历手稿7"后的文字。

王华彬和罗邦杰等；美术课有早年留法的知名画家颜文樑、张充仁。这个阶段，我接受了这些位知名教授的教导和自己的努力学习，使我通过了那时解放前国家考试院举办的 1947 年春季选拔的留学生考试。我于 1947 年 9 月至 1950 年 1 月出国赴美留学。我就读于美国伊利诺大学建筑学院，获得建筑学硕士和城市规划硕士学位。我在美国伊利诺大学就读时，该校中国同学会对部分中国留学生进行了秘密的受中共地下党领导的思想教育启蒙活动。我于 1949 年 3 月加入了该组织，并参予了该组织的思想学习活动。该组织先后动员了不少爱国留美学生及时回国报效刚解放了的新中国。我响应了该组织的回国动员号召，于 1950 年 1 月 3 日我回到了祖国。在天津海轮码头上，有当时国家教育部的一位副部长在天津码头上迎接我们。热烈欢迎我们（解放后第一批）学成归国的人员回祖国为人民服务。我到天津后，我去了唐山建筑系任教。

第二部分：　工作简历

关于工作简历，以年代先后为序，分为八个方面予以概述。

一、1943—1946 年

这四年中，我的建筑设计业务水平有了一定程度的提高，我曾先后于较有建筑设计业务水平的上海协泰建筑师事务所（？）和华盖建筑师事务所工作。其中 1946 年在华盖建筑师事务所工作时，曾赴南京建筑施工现场工地代表甲方监督施工，并作为建筑设计助手帮助该坊地的

沈玉麟个人简历手稿2

天津大学
TIANJIN UNIVERSITY

建筑作设计了多种类型的住宅设计方案。

二. 1950-1951年

这两年是我国从事教学工作的启蒙阶段。我受聘于唐山铁道学院任讲师兼副教授，担任建筑设计等课程的教学工作。

三. 1952-1954年

在天津大学任教，担任建筑设计等教学工作。

四. 1954-1957年

1954年我向天津大学建筑系党总支书记和系主任提出建议，是否可创设城市规划专业。这个专业是天津大学在全国首创的第一个新专业，与当时较早成立的上海同济大学创设的"城市建设与经营"专业不同。与此1954年天津大学成立的城市规划专门化和1956年成立的城市规划班专业是那时全国仅有的、创办最早的第一个专业。最早毕业于天津大学城市规划专业而任教的有1956年毕业的方咸孚老师和1957年毕业的荆其敏老师。从此以后，天津大学建筑系内的城市规划专业便逐渐发展壮大。

这个时段内，我开设和开讲的课程有城市规划原理、城市规划设计、城市绿化与造园、城市道路与交通以及区域规划。

五. 我在天津大学建筑系和城市规划系任教时，历年任课情况

我自1950年至1951年在唐山铁道学院建筑系任教。由于全国院系调整，我从1952年起至2002年在天津大学建筑系和城市规划系任教。

半个多世纪来，我教过的课程有：

沈玉麟个人简历手稿3

TIANJIN UNIVERSITY

第4页

1. 建筑设计　　　　1950—1956年

2. 俄罗斯与苏维埃建筑史　1950—1953年

3. 外国建筑史　　　1952—1954年

4. 外国近现代建筑史　1954—1980年

5. 城市规划原理　　1954—1980年

6. 城市道路与交通　1956—1960年

7. 城市绿化与造园　1956—1960年

8. 区域规划　　　　1958—1960年

9. 外国城市规划与建设　1958—1980年

10. 建筑群与外部空间　1979—2002年

六、　编写讲义与著述

1. 1950,1953,1957年：　自编"城市规划原理"讲义.

2. 1954年：　　自编"外国建筑史"讲义

3. 1955年：　　自编"俄罗斯与苏维埃建筑史"讲义

4. 1959年：　　自编"城市绿化与造园"讲义

5. 1978—1980年：四校合编：《外国近现代建筑史》教科书.
　　　　　　　　　中国建筑工程出版社出版

6. 1989年：　自编《外国城市建设史》(高校教学用书)
　　　　　　　中国建筑工程出版社出版.

7. 1989年：《城市环境美的创造》(合编人员：沈玉麟、张敕、
　　　　　　　荆其敏、魏挹澧、洪再生)

地址：天津市南开区卫津路92号　　　　　邮政编码：300072

沈玉麟个人简历手稿4

167

后记

5.

天津大学
TIANJIN UNIVERSITY

第5页

七、 发表的自编教科书、教材、著作、学术论文和部分大百科
全书条目。

1. 1980年：二次大战后国外的城市规划与实践
城市规划通讯 1980年2、3期连载。

2. 1980年：Man—Nature—Architecture—City：A Brief Discussion
on the Planning and Building of China's Cities, Involving
the Problem of Succeeding the Past and Forging toward
into the Future（人、自然、建筑、城市——略谈中国城市
规划与建设的继往开来问题）
在1980年10月日本东京国际建协亚太地区学术会议上大会宣读。

3. 1981年：《外国近现代建筑史（四校合编）》1981年中国建筑工业出版社出版。

4. 1981年：二次大战后国外大都市规划结构演变的几点主要经验。
《建筑师》1981年 第7期。

5. 1981年：城市是人、自然、建筑 组成的综合体 城市建设1981年第2期

6. 1982年：继承古城优秀传统，保护历史文化名城合理的规划结构形态
金陵城市发展战略思想学术讨论会论文

7. 1983年：谈谈城市规划专业的培养目标 城市规划1983年第4期

8. 1984年：Regional Planning in China —— To Promote the Development
of Secondary Cities with Central Cities as Backbones.
（中国的区域规划——以中心城市为依托，促进中小城市的发展）
1984年
在德国西柏林空间规划和区域开发国际会议上宣读。

9. 1984年：Rebuild the City with People as Backbones
（依靠人民，改建城市） 在荷兰鹿特丹1984年10月第八届国际新城会议
上宣读

邮政编码：300072

TIANJIN UNIVERSITY

6.

第6页

10. 1984年: 发展中国家城镇建设战略的新调整

1984年天津科学研究会大会论文

11. 1985年: 发展中国家次级城市发展的新战略 城乡建设85年第1期

12. 1985年: 历史文化名(古)城的规划结构与特色

⑬.   城市发展战略研究论文集 新华出版社

1985年

13. 1987年: 在中西新旧的有机共生中寻求了些的创造——天津建筑风格

探讨. 天津社会科学87年第4期

14. 1987年: 大百科全书: 建筑与城市规划卷. 五个条目: 1. 车汉姆女士

规划模式 2. 讥想城市 3. 普布城 4. 莱奇约·达罗城

5. 诺林根城

15. ~~1989~~年: 天津市建筑艺术与环境美化的研究
    1987

天津市社会主义精神文明建设研讨会文选编, 1987年

16. 1988年: 天津市工业布局的战略亲缘. 天津科技协学术论文 1988年

17. 1989年: 《外国城市建设史》 中国建筑工业出版社 1989年

18. 1993年: 《城市规划新概念. 新方法》 第七章 环境科学FE论

~~19. 1999年: 趋向跨世纪的上海城市规划建议~~

~~19.~~ 19. 1995年: 他山之石 可以攻玉——赵沪浙考察若干城市规划

天津市人民政府《决策参考》第九期 1995年

20. 1996年: 国外城市规划的九点主要经验 "城市"杂志 1996年第4期

21. 1999年: 趋向跨世纪的上海城市规划建议

天津市人民政府《决策参考》第八期 1999

地址: 天津市南开区卫津路92号   邮政编码: 300072

169

后记

沈玉麟个人简历手稿6

八、从上列共 21 页教材著作和学术论文中，其中获奖的教材、著作和有国际影响的学术论文有下列四项：

1. 1980年： Man-Nature-Architecture-City : A Brief Discussion on the Planning and Building of China's Cities, Involving the Problem of Succeeding the Past and Forging toward into the Future. （人、自然、建筑、城市——略谈中国城市规划与建设的继往开来问题）

　　　　——在 1980年10月日本东京召开的国际建协亚太地区学术会议上大会宣读

2. 1989年：《外国城市建设史》全国通用教材　　国家建筑工业出版社出版

3. 1984年： Regional Planning in China—— To Promote the Development of Secondary Cities with Central Cities as Backbones.

　　　　1960年在德国西柏林空间规划和区域规划国际会议上宣读.

4. 1984年： Rebuild the Cities with People as Backbones

　　　　1984年10月在荷兰鹿特丹召开第八届国际建协会议上宣读。

地址：天津市南开区卫津路92号　　　　　　邮政编码：300072

沈玉麟个人简历手稿7

个人简历

沈玉麟　2007年10月

关于我个人的简历，我拟择其要者，作一自我介绍。我拟从年轻时开始，把自己的经历和工作写进去。

我的工作除教学工作外，我曾为国内若干城市做过一些城市总体规划和详细规划，以及发表过一些教材和学术论文与著作。有些教材、著作或论文曾获得部级或市级各类奖项。其中有一项获得国家部级一等奖（《外国城市建设史》）外，其他均为一等奖以下的其它（他）奖项。但我一生的主要工作，是在教育战线上竭尽全力地为搞好教学工作，为培养新一代又红又专、热爱祖国、热爱人民、热爱全人类进步事业的社会主义接班人，认真地做好一个社会主义国家人民教师应该做的工作。

以下我按我个人的经历和工作，以年代的先后顺序作一个"个人简历"的介绍。

我的个人简历拟划分为两个部分，择要叙述如下：

第一部分：学历——大学和研究生学习阶段（1939—1943年和1947—1949年）

1939—1943年我毕业（就读）于上海之江大学建筑系。该校所聘建筑系任课教授的教学水平都很高。有早年留美的知名教授陈植、王华彬和罗邦杰等；美术课有早年留法的知名画家颜文樑、张充仁。这个阶段，我接受了这些位（这些）知名教授的教导和自己的努力学习，使我通过了解放前国家考试院（即当时的"国民政府考试院"）举办的1947年春季选拔的留学生考试。我于1947年9月至1950年1月出国赴（在）美留学。我就读于美国伊利诺伊大学建筑学院，获得建筑学硕士和城市规划硕士学位。我在美国伊利诺伊大学就读时，该校中国同学会对部分中国留学生进行了愿否参加中共地下党组织的思想教育启蒙活动。我予（于）1949年3月加入了该组织，并参予（与）了该组织的思想学习活动。该组织先后动员了不少我国留美学生及时回国报效刚解放了的新中国。我响应了该组织的回国动员号召，于1950年1月3日我回到了祖国。在天津海轮码头上，有当时国家教育部的一位副部长在天津码头上迎接我们。热烈欢迎我们1949年后第一批回祖国为人民服务（的留学生）。我到天津后，我去了唐山建筑系任教。

第二部分：工作简历

关于工作简历，以年代先后为序，分为八个方面予以概述。

一、1943—1946年

这四年中，我的建筑设计业务水平有了一定程度的提高。我曾就业于颇有建筑设计业务水平的上海协泰建筑师事务所和华联建筑师事务所工作。其中1946年在华联建筑师事务所工作时，曾赴南京建筑施工现场工地代表甲方监督施工，并作为建筑设计助手帮助该场地的建筑师设计了多种类型的住宅设计方案。

二、1950—1951年

这两年是我从事教学工作的启蒙阶段。我受聘于唐山铁道学院任讲师和副教授，担任建筑设计等课程的教学工作。

三、1952—1954年

在天津大学任教，担任建筑设计等教学工作。

四、1954—1957年

1954年我向天津大学建筑系党总支书记和系主任提出建议，是否可创设城市规划专业。这个专业是天津大学在全国首创的第一个新专业，与当时较早成立的上海同济大学创设的"城市建设与经营"专业不同，当时1954年天津大学成立的城市规划专门化和1956年成立的城市规划专业是那时全国仅有的、创办最早的第一个（一个）专业。最早毕业于天津大学城市规划专业而任教的有1956年毕业的方咸孚老师和1957年毕业的荆其敏老师。从此以后，天津大学建筑系内的城市规划专业便逐渐发展壮大。

这个时段内，我开设和开讲的课程有城市规划原理、城市规划设计、城市绿化与造园、城市道路与交通以及区域规划。

五、我在天津大学建筑系和城市规划系任教时，历年任课情况

我自1950年至1951年在唐山铁道学院建筑系任教。由于全国院系调整我从1952年起至2002年，在天津大学建筑系和城市规划系任教。

半个多世纪来，我教过的课程有：

◎ 建筑设计 1950—1956年

◎ 俄罗斯与苏维埃建筑史 1950—1953年

◎ 外国建筑史 1952—1954年

◎ 外国近现代建筑史 1954—1980年

◎ 城市规划原理 1954—1980年

◎ 城市道路与交通 1956—1960年

◎ 城市绿化与造园 1956—1960年

◎ 区域规划 1958—1960年

◎ 外国城市规划与建设 1958—1980年

◎ 建筑群与外部空间 1979—2002年

六、编写讲义与著述

◎ 1950年、1953年、1957年：自编"城市规划原理"讲义

◎ 1954年：自编"外国建筑史"讲义

◎ 1955年：自编"俄罗斯与苏维埃建筑史"讲义

◎ 1959年：自编"城市绿化与造园"讲义

◎ 1978—1980年：四校合编《外国近现代建筑史》教科书 中国建筑工程（业）出版社出版

◎ 1989年：自编《外国城市建设史》（高校教学用书） 中国建筑工程（业）出版社出版

◎ 1989年：《城市环境美的创造》（合编人员：沈玉麟、张敕、荆其敏、魏挹澧、洪再生）

七、发表的自编教科书、教材、著作、学术论文和部分大百科全书条目

◎ 1980年：二次大战（第二次世界大战）后国外的城市规划与实践 《城市规划通讯》1980年2、3期连载

◎ 1980年：Man-Nature-Architecture-City: A Brief Discussion of (on) the Planning and Building of China's Cities, Involving the Problem of Succeeding the Past and Forging toward into the Future（人、自然、建筑、城市——略谈中国城市规划与建设的继往开来问题） 在1980年10月日本东京国际建协亚太地区学术会议上宣读

◎ 1981年：《外国近现代建筑史》（四校合编） 1981年中国建筑工业出版社出版

◎ 1981年：二次大战（第二次世界大战）后国外大都市规划结构演变的几点主要经验 《建筑师》1981年第7期

◎ 1981年：城市是人、自然、建筑组成的综合体 《城市建设》1981年第2期

◎ 1982年：继承古城优秀传统，保护历史文化名城合理的规划结构形态 全国城市发展战略思想学术讨论会论文

◎ 1983年：谈谈城市规划学科的培养目标 《城市规划》1983年第4期

◎ 1984年：Regional Planning in China—To Promote the Development of Secondary Cities with Central Cities as Backbones（中国的区域规划——以中心城市为依托，促进中小城市的发展） 在德国西柏林1966年空间规划和区域开发国际会议上宣读

◎ 1984年：Rebuild the City with People as Backbones（依靠人民，改造城市） 在荷兰鹿特丹1984年10月第八届国际新城会议上宣读

◎ 1984年：发展中国家城镇建设战略的新调整 1984年天津科学研究会大会论文

◎ 1985年：发展中国家次级城市发展的新战略 《城乡建设》1985年第1期

◎ 1985年：历史文化名（古）城的规划结构与特色 城市发展战略研究论文等，新华出版社1985年

◎ 1987年：在中西新旧的有机共生中寻求个性的创造——天津建筑风格探讨 《天津社会科学》1987年第4期

◎ 1987年：大百科全书：建筑与城市规划卷。五个条目：1.希波丹姆规划模式；2.理想城市；3.普南城；4.莫亨约·达罗城；5.诺林根城

◎ 1987年：天津市建筑艺术与环境美化的研究 天津市社会主义精神文明建设研讨会文选编，1987年

◎ 1988年：天津市工业布局的战略东移　天津科协学术论文1988年

◎ 1989年：《外国城市建设史》　中国建筑工业出版社　1989年

◎ 1993年：《城市规划新概念、新方法》第七章　环境科学理论

◎ 1995年：他山之石，可以攻玉——赴沪浙考察若干城市规划　天津市人民政府《决策参考》第九期1995年

◎ 1996年：国外城市规划的几点主要经验　《城市》杂志1996年第4期

◎ 1999年：趋向跨世纪的上海城市规划建设　天津市人民政府《决策参考》第八期1999（年）

八、从上列共21页教材著作和学术论文中，其中获奖的教材、著作和有国际影响的学术论文有下列四项：

◎ 1980：Man–Nature–Architecture–City: A Brief Discussion of (on) the Planning and Building of China's Cities, Involving the Problem of Succeeding the Past and Forging toward into the Future.（人、自然、建筑、城市——略谈中国城市规划与建设的继往开来问题）

　　　　　　　　　　——在1980年10月日本东京召开的国际建协亚太地区学术会议上宣读

◎ 1989年：《外国城市建设史》全国通用教材　中国建筑工业出版社出版

◎ 1984年：Regional Planning in China—To Promote the Development of Secondary Cities with Central Cities as Backbones.

　　　　　　　　　　——1960年在德国西柏林空间规划和区域规划国际会议上宣读

◎ 1984年：Rebuild the Cities (City) with People as Backbones.

　　　　　　　　　　——1984年10月在荷兰鹿特丹第八届国际新城会议上宣读

图书在版编目(CIP)数据

沈玉麟文集/沈玉麟著；天津大学建筑学院城乡规划系主编. –武汉：华中科技大学
出版社，2021.12
ISBN 978-7-5680-7782-8

Ⅰ．①沈… Ⅱ．①沈… ②天… Ⅲ．①城市规划–文集 Ⅳ．①TU984-53

中国版本图书馆CIP数据核字(2021)第252924号

沈玉麟文集
SHEN YULIN WENJI

沈玉麟　著
天津大学建筑学院城乡规划系　主编

出版发行：华中科技大学出版社（中国·武汉）	电话：　(027) 81321913
武汉市东湖新技术开发区华工科技园	邮编：　430223

策划编辑：贺　晴	责任监印：朱　玢
责任编辑：贺　晴	美术编辑：张　靖

印　　刷：武汉精一佳印刷有限公司
开　　本：889 mm×1194 mm　　1/16
印　　张：11
字　　数：200千字
版　　次：2021年12月第1版第1次印刷
定　　价：98.00元

投稿邮箱：heq@hustp.com
本书若有印装质量问题，请向出版社营销中心调换
全国免费服务热线：400-6679-118　竭诚为您服务